1 小时读懂风景

[英] 罗伯特 · 雅尔姆（Robert Yarham） 著
梁 洁 译

机械工业出版社
CHINA MACHINE PRESS

这是一本帮你了解风景及其形成过程的科普图书。本书通过丰富的图片和简洁的文字介绍了关于风景形成的地质学基础知识。阅读这本书，你可以了解各种风景地貌及这些风景地貌是如何形成的。读完这本书，你会对风景有更深层次的理解，你会知道这些风景是经过怎样的漫长形成过程，而变成现在这样的，这里面曾经历了哪些故事。通过对这些知识的了解，会提高你的风景鉴赏能力和对地质学的兴趣。另外，本书插图精美，可帮助人们解读日常旅行或度假中遇到的风景，丰富人们的假日生活。

图书在版编目（CIP）数据

1小时读懂风景 /（英）罗伯特·雅尔姆（Robert Yarham）著；梁洁译. — 北京：机械工业出版社，2023.2（2024.1重印）

书名原文: How to Read the Landscape

ISBN 978-7-111-72287-8

Ⅰ. ①1… Ⅱ. ①罗… ②梁… Ⅲ. ①自然景观 – 世界 – 普及读物 Ⅳ. ①P941-49

中国版本图书馆CIP数据核字（2022）第255685号

机械工业出版社（北京市百万庄大街22号　邮政编码100037）

策划编辑：黄丽梅　　责任编辑：韩伟喆

责任校对：丁梦卓　李　婷　　责任印制：张　博

北京利丰雅高长城印刷有限公司印刷

2024年1月第1版 · 第2次印刷

145mm × 200mm · 7.625印张 · 2插页 · 194千字

标准书号：ISBN 978-7-111-72287-8

定价：69.00元

电话服务

客服电话：010－88361066

010－88379833

010－68326294

网络服务

机　工　官　网：www. cmpbook. com

机　工　官　博：weibo. com/cmp1952

金　　书　　网：www. golden-book. com

机工教育服务网：www. cmpedu. com

前言

FOREWORD

风景包含着自然环境的特征。人类活动极大地影响了一部分自然景观，尤其是在城镇或城市中，它们通常被称为城镇或城市景观。另一些景观中的人类印记则要少得多，也更加“自然”，但实际上现今已经几乎没有什么真正的、完整的荒野留存下来了。

我出生并成长于英格兰北部一座环境较差的工业城市。小时候我喜欢到处跑，骑车或步行，去周边的乡村享受更干净、更乡村的风景。这培养了我对自然的热爱，以及想要去了解我看过的景观的欲望。虽然我现在居住在更干净更漂亮的城区中，但和很多人一样，我依然喜欢四处旅行。在英国本地或是海外，我喜欢去乡村或海边散步、骑车，欣赏我们身边多姿多彩的风景。

作为一名地理学者，我经常要解释风景的特征或地貌的起因。为什么一处山谷、悬崖或山坡是这个样子的？为什么我们脚下有时是光秃的岩石，有时是湿土或干土覆盖的山坡，有时是湿地或沼泽？

为什么有些海岸有引人注目的、垂直的崖壁，有些只有瀑布？为什么有些海滩上是粗糙的沙砾，有些则是细沙或泥土？

许多人对于他们所见的风景都抱有这样的疑问，他们想要学习和了解更多有关物质环境的知识。理解多种风景是怎样形成的，以及这些风景中某些特殊地貌的成因，以进一步丰富他们的游览体验。

本书插图精美，可帮助人们解读日常旅行或度假中遇到的风景。对于一些人来说，本书可用以回顾他们在学校中曾经学过、但几乎忘记了的知识；对于另一些人来说，这些知识也许会是全新的。本书的特别之处在于，尽可能按照“风景”的类型编排内容，并解释一组组风景特征如何结合并形成不同物质环境中的某一可辨认的特性。本书配有海量精选照片和图解，辅以极少的说明文字。作者在书中分享他对风景的热爱和理解，描述它们的特征，解释它们的成因和演变。拥有此书，即是拥有一位旅伴，将助您在旅途中获得更好的享受和体验。

大卫·罗宾逊，2010年于苏塞克斯

目 录 CONTENTS

概 述

INTROD

对许多人来说，在户外风景中行走时那种未知前路的快乐是无与伦比的。海浪冲击海崖的刺激，山顶的肃静庄严，大平原的空旷，沙漠的荒凉之美——所有这些都令人着迷。这些风光能够抵达我们心中的某处——或许这是一种原始的直觉，是祖先们赖以生存的关于风景的体验，如今的我们已然忘却。而我们仍有着某种与大地的联系。这是一种远方的呼唤，已写入我们的基因，提醒着我们是谁、我们来自何方。

JCTION

人类的故事与我们脚下地球的故事紧密相连，这颗岩石与水体组成的星球在空旷又黑暗的宇宙中旋转。我们每个人的细胞中、骨骼中携带的矿物质均来自于地层深处。相对太阳系的历史而言也许仅仅是一个瞬间，地球地层深处的各种物质便形成了。这些伟大的力量赋予我们今天所见的风景，也导致了包括我们在内的地球上所有生命的形成。风景的历史也是我们的历史。无怪乎善于思考的人总会注视风景，思考其成因。

火与冰

岩石的成形有赖于多种力量，包括从地壳之下过热的深处到地表冰川的碾磨和塑形。

概述 • 寻找线索

当19世纪杰出的地质学家查尔斯·莱伊尔在出版于1830年至1833年间的《地质学原理》中提出“均变论”时，我们要记住，早在公元前450年，古希腊历史学家希罗多德已经在埃及的沙漠中发现了海洋生物化石，并正确地断言此处岩石层在很久以前位于海底。可见想要理解自然景观的强烈愿望长久以来都伴随着我们。

失落的世界

菊石的化石，一只被困在岩石中的远古海洋生物，是见证大地千百万年来气候和生态系统变化的备忘录。

查尔斯·莱伊尔的均变论对现在的我们而言已经很熟悉了。该理论提出，我们今天看到的作用于大地的力量在过去也许有着相同的作用方式。由此我们可知，塑造大地是一个渐进的过程，一个在难以想象的巨大时间跨度中持续作用的过程。一位乘坐贝格尔号军舰的年轻博物学家查尔斯·达尔文读了这本书，发现自己能够解释加那利群岛、阿根廷的群山以及他找到的化石所蕴含的悠久的、不断演进的历史。许多年后，达尔文的发现最终引导他提出了关于地球生命的进化论理论。

地球在不断地变化，这是我们近年来已熟知的事情。今天我们逐渐了解了气候和地球如何变化，以及它们将如何影响我们居住的环境。在地球的历史上，构造板块曾多次在赤道与南北极之间漂移，由此造成了多次超大陆的组合与分裂，而这一过程耗时数百万年。

由于板块漂移和气候变化，今天的高地景观曾经也许是低地荒漠。缓缓起伏的丘陵也许曾经是海底。苍翠繁茂的山体也许曾位于一处火山的中心，随后又完整地覆盖于冰层之下。造岩、分解、侵蚀、沉淀的一切过程，影响了风景如今的面貌，形成高山、丘陵、峡谷、巨石、淤泥、沙、砂砾和土壤。

理解风景的成因和形成过程是本书的主旨。我们将在现存的每一处风景中寻找和解读线索。

侵蚀的力量

暴露于严酷环境中的岩石受到强大的力量作用，从而解体并化作碎片——没有什么会胜过流水的力量。

PART ONE 第一部分 了解风景

每一处壮观的风景之下，都是岩石。实际上，万物之下都是岩石——是不同种类、不同年代、不同形式的岩石，包括尚未完全成形的岩石。岩石看起来似乎是静态的，是永恒不变的，故而谚语“坚如磐石”成了广为接受的自明之理。但是风景中这

些看似一成不变的岩石也经过了熔融、成形、破坏、再成形的过程，历时数百万年，直至今天都在持续的变化中。我们身边多种多样的风景正是建立在这些变化的基础上。

PART ONE
第一部分 • 了解风景

风景的特征在于其形式和形状，在于其上生存的植物和动物，在于其下的岩石和土壤，这些岩石和土壤有时可见，而大部分都被覆盖在密密的生物层之下。仔细观看，就有可能从这些形状中发现风景及其特征成形的迹象，这种成形的过程有些是短时间的剧变，而大部分是数千年渐变而成。

河流的力量

美国著名的科罗拉多大峡谷是由科罗拉多河历时 2000 万年侵蚀而成。在那期间，北面落基山汇聚的水流切断了科罗拉多高原，揭露了沉积岩的多层结构——暴露的岸壁上的线条即为层理。而这些岩石的形成可溯至 17 亿年前。

远古的断层

许多峡谷由水流或冰川切割而成。一些更大的峡谷则有着不同于此的起源。苏格兰的大幽谷几乎将整个苏格兰高地一分为二。据称这就是 4.5 亿至 5 亿年前大陆板块之间的远古断层的边缘。

强大的力量

澳大利亚著名的乌卢鲁，又称艾尔斯岩，是世界最大的单体巨石。整块岩石由砂岩层构成，已有 5 亿年历史，由地壳运动挤出地表（大约在 4 亿年前），之后逐渐被风和流水所侵蚀，其周围软的岩石早已消失，仅留下较坚硬的乌卢鲁。

火山

火山，例如维苏威火山，令地质学家着迷。火山揭示了地球深不可见之处的秘密。火山由喷出的岩浆冷却后构成，经由地壳裂缝被顶出，故而常出现在断层附近。

角峰

如果气候足够寒冷，山谷中积聚和运动的巨型冰川切削出大山谷和山峰，赋予景观形状和特征，例如瑞士阿尔卑斯山的马特洪峰。

时间之箭

地质学家通过绘制和比较来自世界各地的岩层和化石层以及放射性测年，拼凑出了地球的历史。下面的时间表显示出地球变化的不同时期。

约在45.6亿年前，地球从一团星云物质中诞生。这种时间尺度对人类的思维而言是难以处理的，而这对于推定风景及其特征的形成时间和过程来说至关重要。众所周知，耐杰尔·考尔德在《躁动的地球》中，将过去的46亿年比作人生中的46年，仅在最后6年出现了生命，最后1年出现了开花植物，8个月前恐龙灭绝，而所有的人类演化出现在最后1小时。在此期间，我们今天看到的风景才得以成形。

地球的历史

宙	前寒武纪（隐生宙）											
	前太古代	太古代			元古代							
代		早期	中期	晚期	古	中	新	古生代				
								早				
纪								寒武纪	奥陶纪	志留纪	泥盆纪	石
世												
事	地球成形	出现生命		出现陆地	出现多细胞生物			出现第一种海洋生物	出现第一种脊椎动物	出现第一种陆地植物	出现第一种陆地动物	出现第 两栖 昆
时间（百万年前）	4600	3800	3400	3000	2500	1600	1000	630	520	500	425	36

陨石撞击

美国亚利桑那州的陨石坑——这是一个很新的陨石坑，在 5 万年前由陨石撞击而成——是这个星球上众多陨石坑之一，证明了地球自诞生以来受到的陨石撞击。这种撞击影响了地球的气候和地质。

岩层年代

岩层讲述着这颗星球不同时期来来往往的多种生命形式。我们可通过相互比照来追溯岩层的年代，而长时间的地质运动引起的岩层变化使这项工作变得复杂。

显生宙										
	中生代			新生代						
…纪	三叠纪	侏罗纪	白垩纪	古近纪			新近纪		第四纪	
				古新世	始新世	渐新世	中新世	上新世	更新世	全新世
…超大…陆”…成	出现第一种恐龙和哺乳动物	泛大陆解体，出现第一种鸟类	恐龙的时代结束	出现马和灵长类动物	出现长鼻目动物	喜马拉雅山脉成形	欧洲阿尔卑斯山脉成形	出现人类	出现现代人类	出现文明
	245	150	146	65	58	37	24	5	2	0.01

地球的周长约为 40000 千米，直径为 12732 千米。其中心是内地核，即一个固态金属球体，主要成分是铁和镍。之外是外地核，由液态金属构成，其周围是厚达 2200 千米，由高密度硅酸盐矿物构成的地幔。浮在地幔上的是一层薄薄的、硬化的、易碎的地壳层。地壳和地幔的上层混合，形成岩石圈，也就是这颗星球表面风景之下的岩石基底。

小蓝点

地球凉爽、蓝色、水体为主的表面之下是灼热的内部。内地核的温度被认为约有 4700℃。热量经由外地核的液态金属传至地幔，其温度可达 3500℃。

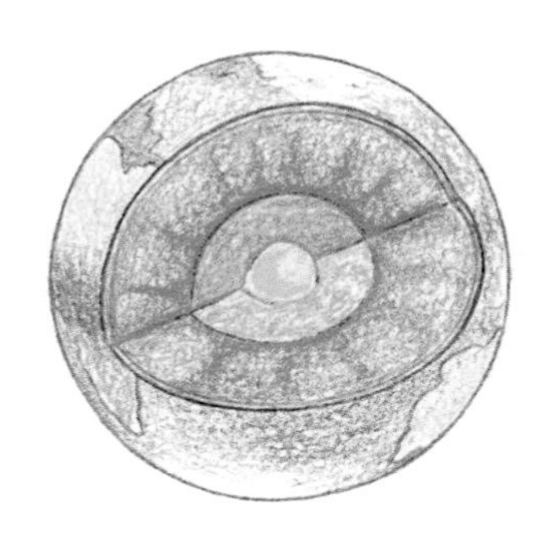

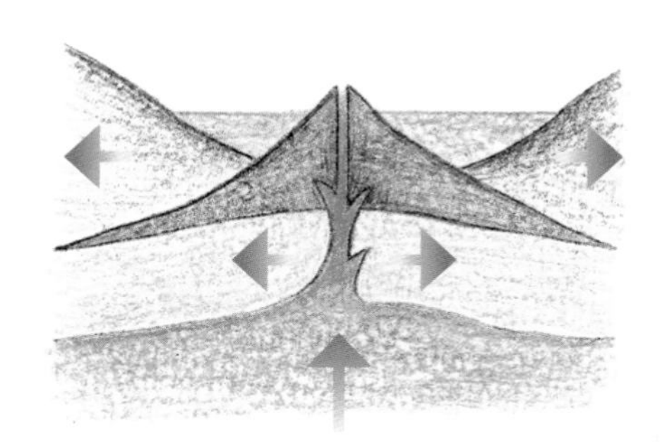

驱动力

地核产生的热量经由地幔岩石层上升，地幔在热量驱使下产生热对流，深处的地幔物质受热上涌，浅处的地幔物质冷却下沉，由此驱动地壳的板块运动。

造山运动

大西洋中脊是一处火山洋脊，宽约 1600 千米，高 1.4~2.5 千米，此处形成了新的海底地壳。大西洋中脊的发现证实了这样的理论：地壳在持续地生长和运动。

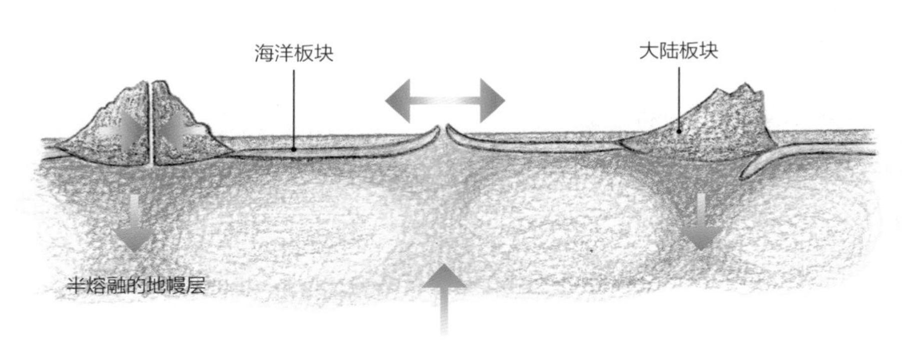

随波逐流

多亏了地震学和海洋勘探研究，我们现在知道了，刚性板块漂浮在半熔融的地幔层（软流图）上，其运动由地幔里上下的热对流而驱动。板块有两种：大陆板块（即硅铝层，富含硅、铝矿物质），非常厚，由较老、较轻的花岗岩构成；海洋板块（硅镁层，富含硅和镁），较薄，由非常致密的、较新的玄武岩构成。

大陆裂缝

冰岛恰好坐落在一块构造板块边缘之上，即两块海洋板块的边界。地下热流和运动抬升地壳至海面以上。

1912 年，德国气象学家、地球物理学家阿尔弗雷德 · 魏格纳发现今天的大陆看起来像一件巨大的拼图的碎片，他推断这些大陆曾共同组成一块“超大陆”。后来的发现证实了这个理论，板块确实在地球表面移动。板块长时间的移动、生长和碰撞，导致山脉的形成和毁灭。

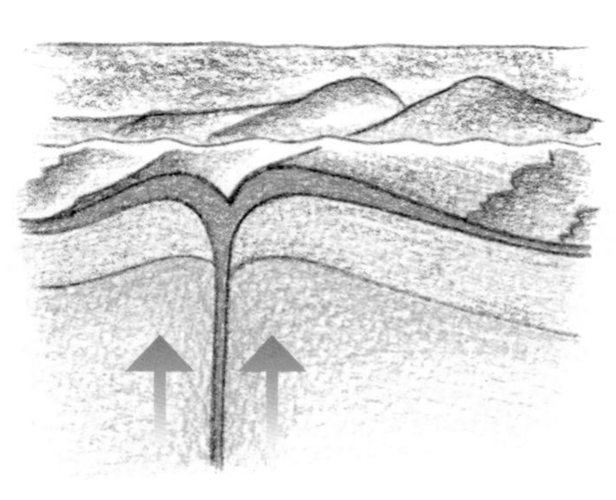

离散边界

大西洋中脊即是离散边界，此处有两块海洋板块在逐渐相互远离。与此同时，新熔岩（岩浆）喷出地表，加厚了海洋地壳。

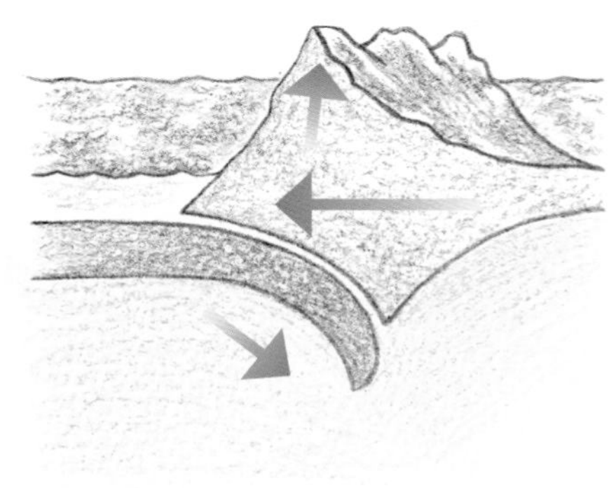

俯冲边界

这种情况见于大陆板块和海洋板块相遇之时。海洋板块密度更大，于是受力挤入大陆地壳之下。大陆地壳因此变形，形成山脉，而海洋板块下沉，进入地幔。

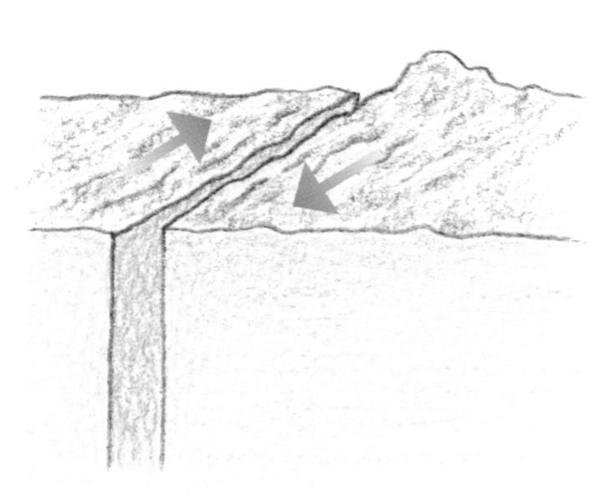

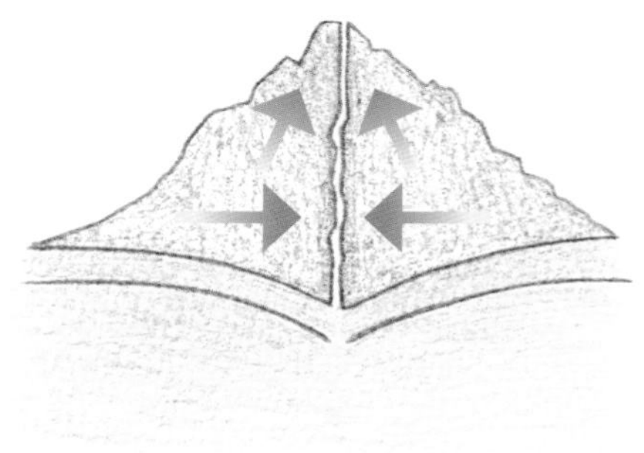

剪切边界

两块板块沿边缘擦过，这种摩擦引起颤动、微震和地震。这被称作剪切边界，因为地壳岩层在此无任何主动的构造或破坏行为。

碰撞边界

当两块大陆板块碰撞，而一块无法滑入另一块之下的时候，板块会弯曲，引发显著的地壳岩石上升。喜马拉雅山脉即是由印澳板块和欧亚板块相撞而形成的。

我们已经知道，在地表深处，炽热的岩石在巨大的压力作用下呈半固体状态。但是在地壳的板块运动作用下，岩层的薄弱之处偶尔会打开。每当此时，岩石因压力降低而化作岩浆，从裂缝中涌出地表，形成喷发火山。

火山作用

火山——例如日本的富士山，此处的板块运动导致了地壳中出现压力和薄弱带。在许多地方，这种景观的特征即为古火山遗迹和火山岩沉积。

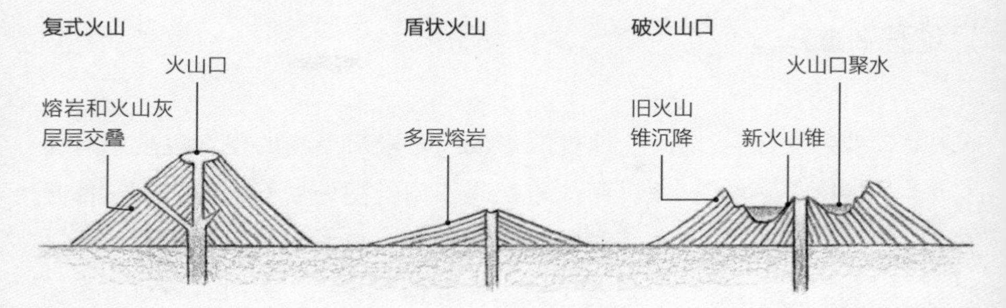

极具破坏力的火山锥

火山有多种形状，而最具代表性也最壮观的是典型的复式火山。其成因源自熔岩和火山灰轮流喷发，并长时间沉积在中心火山口的周围。有时火山会猛然喷发，制造出大型火山口，熔岩和其他碎屑物质被喷至半空中，形成巨大的火山碎屑流，随后被大面积地抛洒出去。

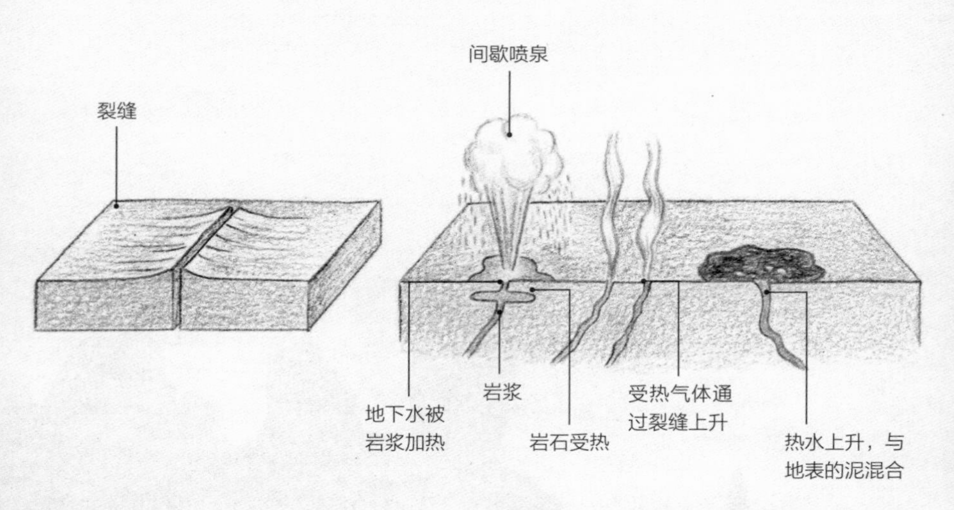

地下之火

火山喷发并非总是以火山的形式来进行。由于板块分离，地壳出现裂缝，岩浆就会通过这些裂缝来到地表。地下水被岩浆加热，变成蒸汽。升高的压力迫使蒸汽喷出地表，形成间歇喷泉。如果压力逐渐下降，则会变成一个喷气口。炽热的地下水可与泥浆混合，形成泥火山。

柱状玄武岩

著名的斯凯岛的斯托尔岩，就是典型的喷出岩（玄武岩）的地上部分，它由近6000万年前熔岩冷却而成，因环境侵蚀而成今天这种参差不齐状。

地貌的形成，与岩层受到的侵蚀程度也有关系。组成岩层是不同类型的岩石，而岩石又都是由各种矿物组合而成。自然界中有数千种矿物，不过其中绝大多数都很少见，在所有岩石中都能找到并且构成岩石主要成分的矿物有数十种，它们被称为造岩矿物。在三大类岩石：火成岩、沉积岩和变质岩中，造岩矿物的成分和比例均不一样，而因为这些造岩矿物耐受侵蚀的能力截然不同，所以不同岩石耐受侵蚀的程度也不一样。

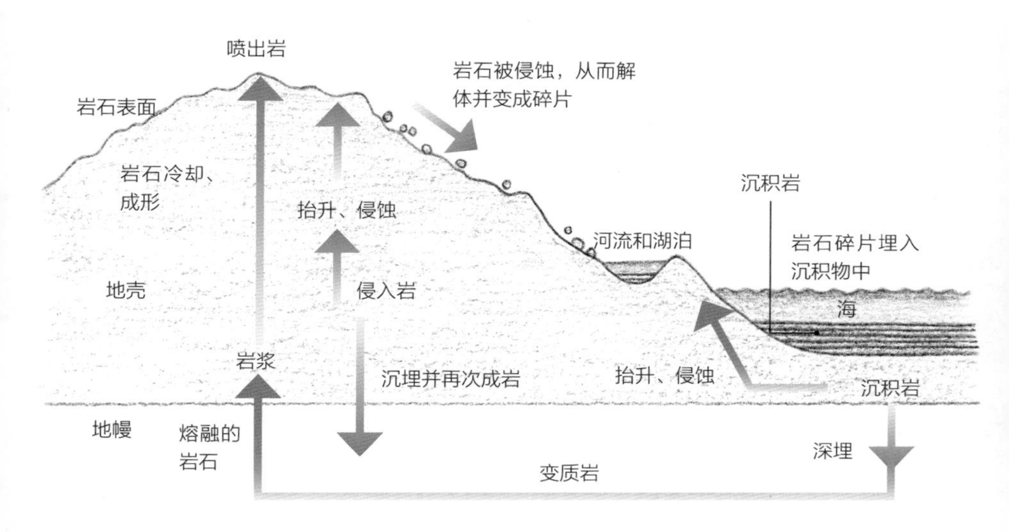

岩石循环

一旦熔岩以岩浆的形式喷出地面，它会冷却、硬化，形成喷出岩，但另一部分岩浆在喷出之前就可能冷却成岩，这被称为侵入岩。随着时间推移，喷出岩会被侵蚀，受温度、风或水的破坏作用而碎裂，并被带到河底、湖底或海底。沉积层一旦稳定下来，落于其上的其他层的压力逐渐将之转化为沉积岩（如砂岩或泥岩）。板块运动导致地面弯曲，岩石层被抬升，暴露在外风吹日晒，遭受侵蚀，于是岩石小颗粒剥离下来并沉积到了沉积物中。构造运动产生的力、沉积物的重量或其他压力，以及地下深处的热能均会引起岩石的变化、重新塑形，随后成为变质岩。

“夹层蛋糕”

褶皱表明了构造作用力是如何引发岩层的断裂和弯曲，从而形成诸如阿尔卑斯山那样的山地景观。

岩石层的成形，只是它旅程的开始。板块构造的巨大力量将弯折并扭曲看似坚不可摧的岩石层，抬升巨大的岩石块，形成岩层中的弯曲褶皱。当褶皱形成时，由于岩石也会受到巨大的压力，岩石中的矿物在此压力的缓慢作用下会变形、位移甚至破裂，从而使岩石的样貌大大改变。这种与原岩相比已截然不同的岩石被称为动力变质岩。但同时，岩压力极大，超过岩石的承受能力，整个岩层都将会破裂，并产生相对位移，从而形成断层。

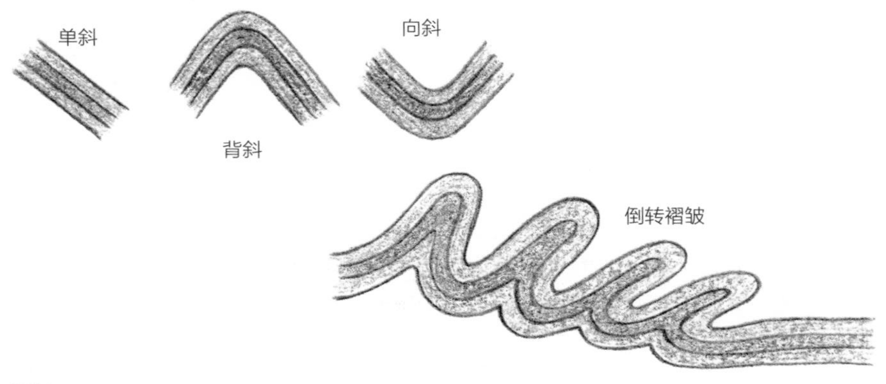

褶皱

所有的岩石（尤其是沉积岩）在地球板块运动的巨大作用下，均可倾斜、弯曲或折叠。根据作用时间和作用力的不同，褶皱在大小、形状和复杂程度上有很大的不同。有单一倾斜的（单斜）、向上弯曲的（背斜）、向下弯曲的（向斜），以及复杂的多重褶皱（倒转褶皱）。不论什么情况，地质学家均利用叠覆律来定义新的岩层位于老的之上，通过岩层的相对位置来推断景观产生的原因和时间。

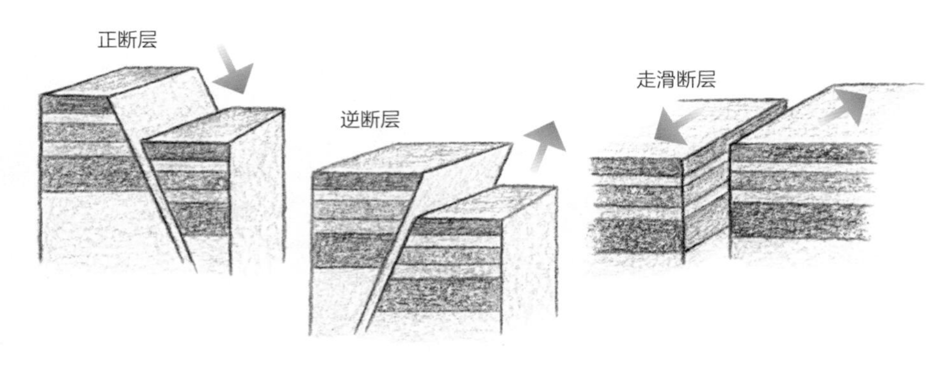

断层

在压应力的作用下，岩石会破裂并沿平面相对滑动。这叫作断层。岩石通常会以某种角度竖向裂开，其中一侧向下滑动或向上滑动，因此断层的一侧岩层会比另一侧低很多；当断层的两侧保持相对高度、并被向平侧推动时，也会发生断层。复杂断层可发生于岩石的每一层，从表层直到深埋地下的岩层。

过程 • 岩石破裂

我们已经了解岩石在地下的高温或高压作用下如何成形，而水和氧气是不会参与到这个过程中来的。不过一旦岩石暴露于地面之上，它就任由环境摆布了。尤其是水，能够影响岩石的化学凝聚力，将其分解为更小的矿物颗粒。此外，气温变化和冰带来的物理“攻击”，也会降低岩石的强度，使之变得易于化学风化或物理风化。在漫长的时间里，这会令岩石风化进而塑造景观。

力之塔

岩石的矿物成分及受到的作用力共同决定了岩石破裂和被侵蚀的方式，最终塑造出独特的形状，例如中国张家界国家公园中壮观的砂岩峰林景观。大部分岩体已被风化，仅存坚实耐久的尖塔状岩石。

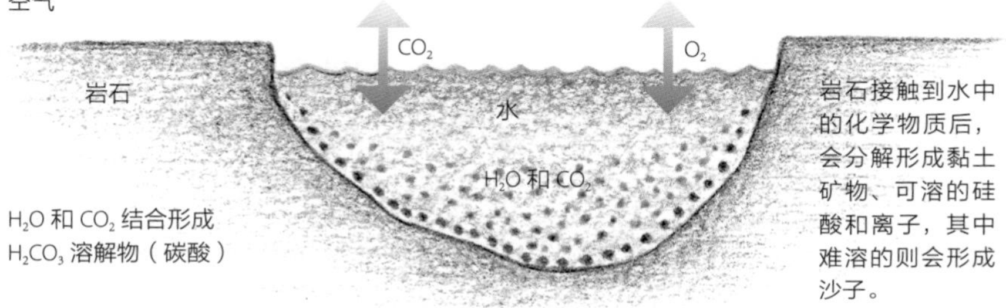

化学风化

当岩石中的矿物质接触到溶于水中的氧气或二氧化碳时，岩石会发生化学风化，从而产生新的矿物质及可被冲走的小块颗粒。例如，富含铁的岩石会生锈，即空气中和水中的氧气与铁反应，产生氢氧化铁。而像青苔这样的小型生物，也会分泌酸来分解岩石。

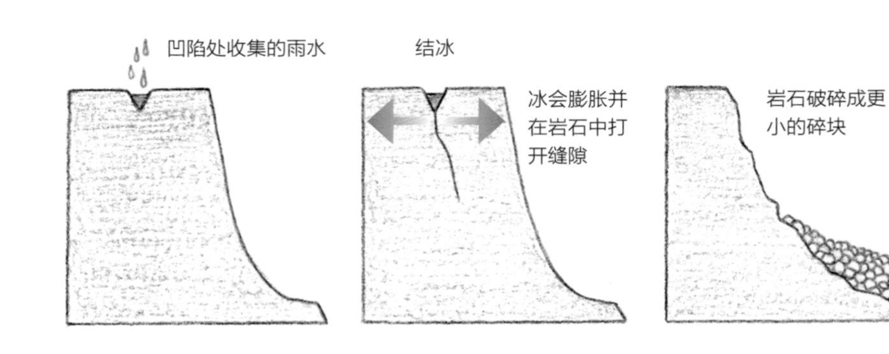

物理风化

岩石的物理风化——岩石分解为更小的颗粒——可由霜冻、温差和生物攻击引发。存于石孔和石缝中的水，结冰膨胀，扩张孔缝，并使得岩石上较脆弱的部分脱落。温差——例如在高海拔地区，岩石在白天被太阳烤热，而夜间又骤然冷却至零下——使得石头开裂，更容易受霜冻破坏。侵占缝隙的植物根系也会让岩石解体。穴居动物，蠕虫和蚁类，也会使岩石暴露于霜冻和水的侵害之下。

风之力

这些岩石的复杂外形表明了沙漠里风的侵蚀的力量。由风以这种方式塑造的岩石被称为风棱石。

岩石因风化破碎后，侵蚀随之而来，这个过程会剥落松动的石头颗粒，使之像砂纸一样摩擦并划破石头表面，从而破开岩石上更多的薄弱点，并将之暴露于进一步的风化过程中。与作为腐蚀剂的水和冰一样，重力作用于松动的小石块，使之滑落下来。风也可以剥离小石块，并用此过程雕刻石块表面。所有这些力都会层层剥落岩石，塑造景观。时间长了，岩石就会逐渐变矮小。

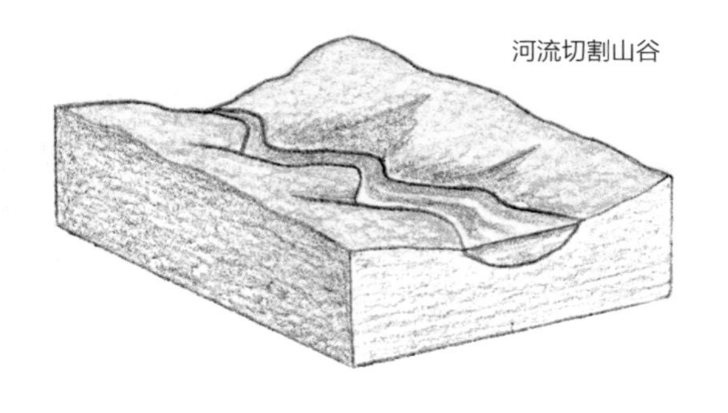

河流切割山谷

水

水是岩石解体的关键肇因，也是侵蚀过程中重要的一环。流水为岩石塑形，并带走小石头碎片和土壤，在洪泛期间甚至能够抬起巨石。波涛也会猛烈地拍打岸线。

冰

冰（通常是以冰川的形式）是另一种重要的侵蚀因素。它会像水一样流动，当然，是非常缓慢地流动。冰川会拔下巨大的岩块，将它们冻进冰里，在冰川流动中继续刮削大地。

冰川移动岩石，并冲刷山谷

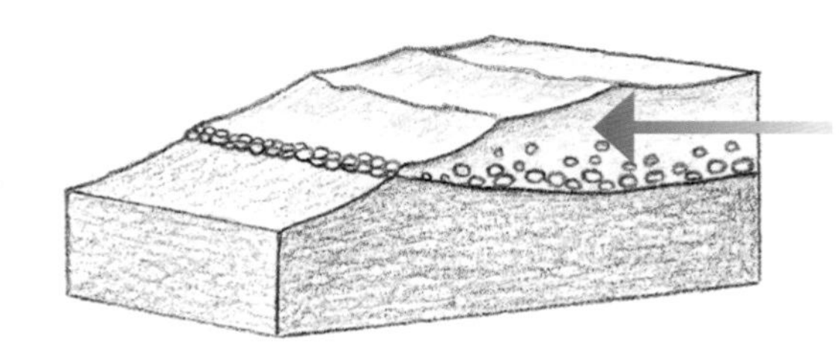

风的侵蚀

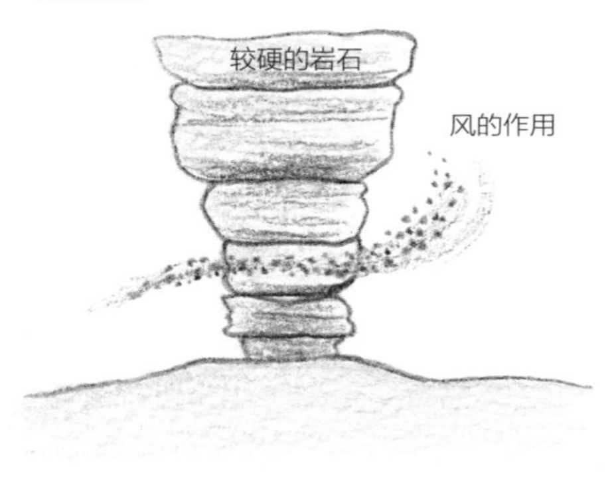

风

风远不及水或冰的密度大，故而仅能抬升并带走非常细小的岩石和灰尘颗粒。如同水和冰一样，风的速度越快，它能够抬升、运走的颗粒就越大。

不稳定的地面产生滑坡

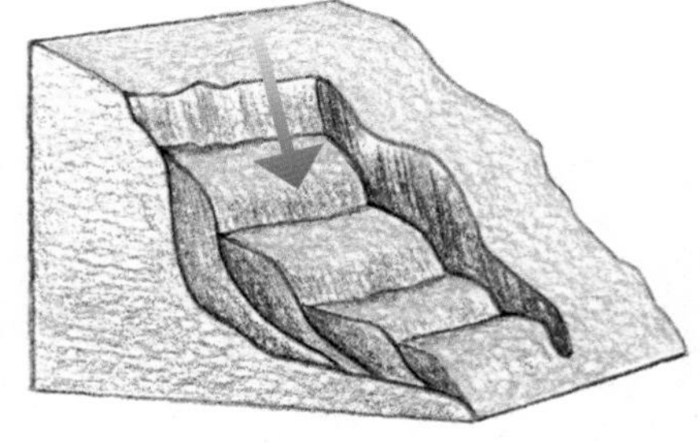

土

小的岩石颗粒和土组成的物质在结构上远不及岩石稳定。重力，有时与水一起，引发大量土和石块下滑，造成塌方或泥石流。

生命之物

绿色的田野包括植物以及各种各样赖以生存的生命。田野由土壤供养，而土壤则是小碎石和有机物的产物。

土壤是岩石分解、侵蚀、沉积过程的产物，是地球上仅次于水的最重要的物质之一。土壤由解体和风化的岩石颗粒构成。其中包含的多种矿物质来自岩石及由微生物和昆虫分解产生的有机物质（或称腐殖质）。这些物质共同供养了植物、以植物为食的动物和最终包括人类在内的整个有机体的食物链。

好的土

土壤是岩石分解的产物。其中包含水分和酸（包括溶于水的二氧化碳及植物的根和细菌释放的其他酸性物质），故而土壤会进一步加快岩石的分解。土壤供养的植被种类取决于形成土壤的岩石所释放的矿物质、腐殖质中的有机物、二氧化碳及其他化学物质的总量。图解展示了土壤的发育过程：从一开始的贫瘠（常见于冰川退却后）到成熟土壤，有机物的腐化和土壤中的微生物、蠕虫、昆虫及植物的作用推动了这个过程。植物的根使土壤和沉积物结合在一起，从而抵御土壤流失。

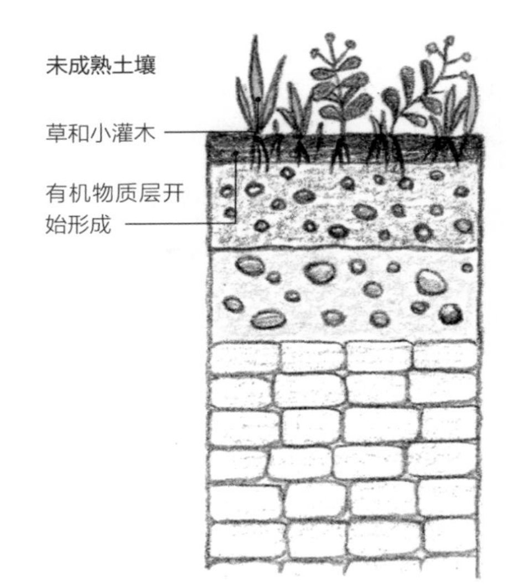

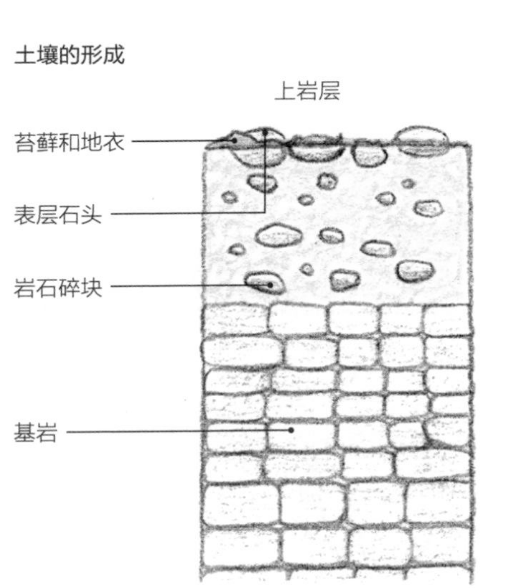

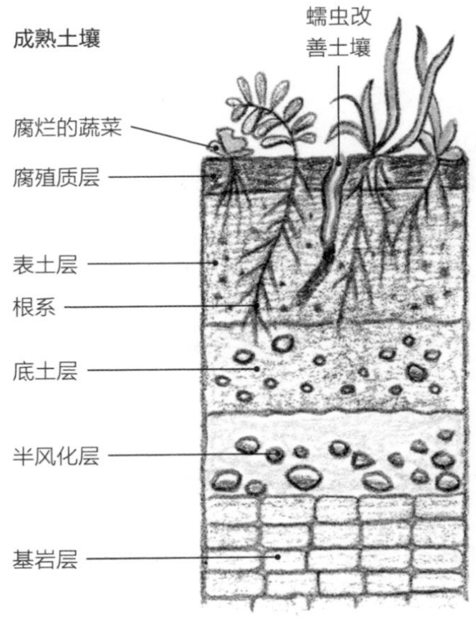

一旦岩石被分解成较小的颗粒，侵蚀的力量（大多是水，但也有冰川、风及塌方）会将这些物质向较低处运送。最终运送速率变慢，这些颗粒稳定下来，最大块的会最先停下来，通常会大量聚集，形成沉积层。随着时间推移，更多的沉积层覆盖其上，正如前文所述，这些沉积层又会逐渐变成沉积岩。总有一天，它们会暴露于环境中，而分解、侵蚀、沉积的过程又会从头再来一遍。

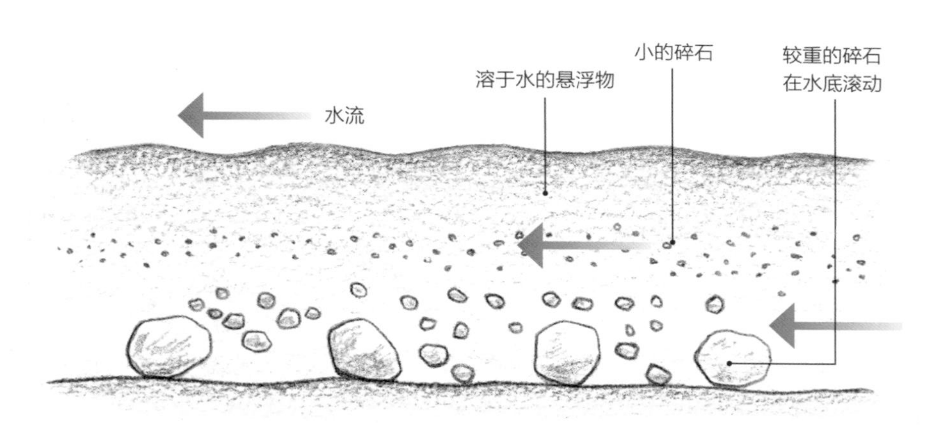

河、湖、海

在沉积过程中，水是第一动力。河流将大量沉积物带下山坡，流速变慢时，较重的岩石和石子会掉入河床，而诸如沙和泥这种细小的颗粒物则会继续前行，进入湖或海。这些颗粒物会在河流入海口呈扇状沉淀。当河流决堤时，这些颗粒物会形成冲积平原，并在周围的土地上形成沉积层。河流留下的这些沉积物为农业生产提供肥沃的土地。

三角洲

河流携带有上游岩石分解而成的石头、沙砾和泥沙。当河流因通过入海口而流速变慢时，这些物质会沉积下来，形成入海口处的三角洲。

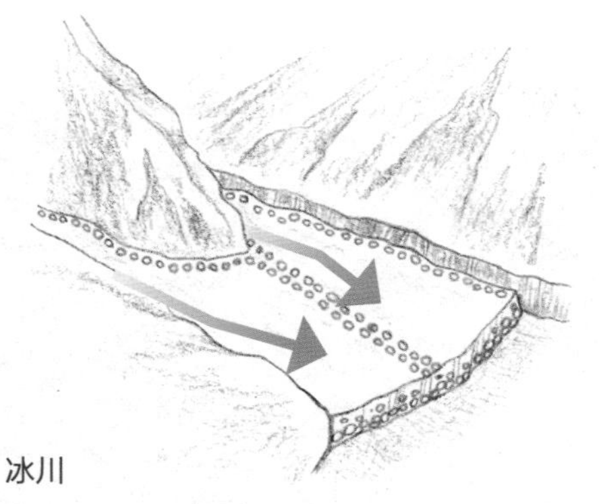

冰川

冰川将大量碎石裹入冰里并携带着一起移动。冰川融化后，巨石和岩屑堆留在谷底。

沙漠

沙漠沙丘，也被称为沙海，是大量沉积物的仓库。在沙漠这种干燥的地方，并无河流运送沉积物，而是由风吹送，有时会把它们带到全球各地。

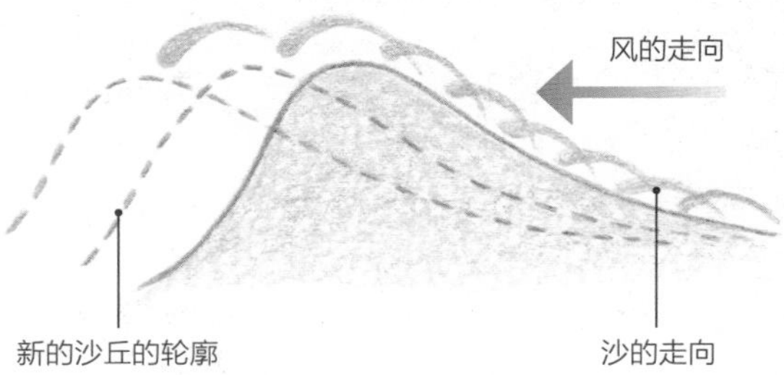

过去的生命

多塞特的莱姆里吉斯的崖面与海滩，持续被海浪侵蚀，于是显露出千百万年前死于海底的海洋生物化石层。

化石呈现出的某处风景及栖于其中的生命与现在截然不同。在新近由于风或水的侵蚀而暴露于外的岩石沉积层中（尤其是在崖面上）能够看到化石。这些岩层曾是河底、湖底或海底，埋有包括软体动物在内的水下生物的遗骸。其他化石或冻结在冰中，或保存在沙漠中无空气和无水的环境下，或被困在琥珀中。

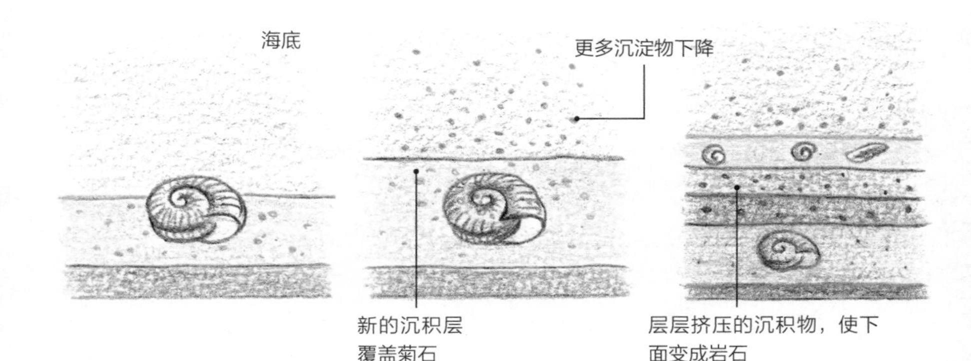

变成岩石

动物、植物的遗骸或遗迹要在菊石中保存的话，需要满足极罕见的特殊条件。也许最常见的石化形式即发生在沉积岩中。一旦海洋生物的尸体（比如上图中的菊石）落入海底，细菌吞噬了它的软组织，一层层的沙子快速掩埋了它，随后它因重力压实，变成石头。沉积物中的矿物质渐渐与贝壳发生分子置换，由此贝壳得以保存。最终，岩层会被抬升、被侵蚀，于是其中的化石得以揭示。

燃料

海洋生物被掩埋后可形成石灰岩，在沙中受压可形成砂岩。矿物燃料由植物产生，在特定条件下，可生成煤、石油和天然气。

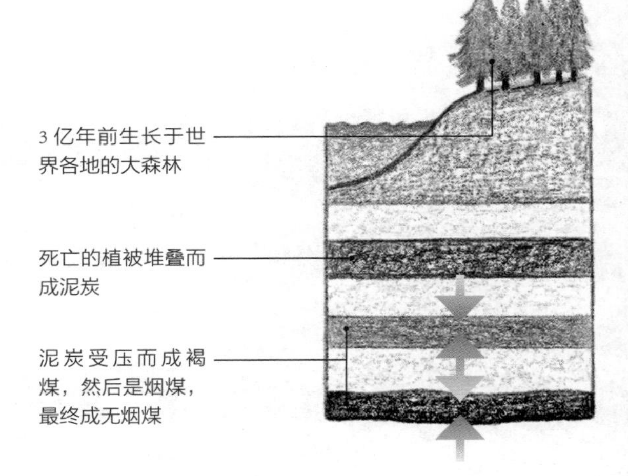

PART TWO 第二部分　阅读风景

第一部分简要介绍了众多地质力量和因素，这些力量和因素构造、分解、塑造了大地风景。第二部分介绍如何根据自己所在地来解读风景——你也许会在高原、低地、海边或其他地方。当然，没有两处风景会完全一样，每处风景由复杂的地质运动

过程而形成。第二部分仅描述了你所见风景的一部分形成过程。请注意，一种风景类型下列出的形成过程（如火山活动）也可能会出现在其他风景类型中，而本书对每个过程仅描述一次，以避免不必要的重复。

亚马孙平原

像是亚马孙这种广袤而平坦的地区，有着漫长而复杂的地质史，最终形成今天的面貌。

PART TWO

第二部分 • 阅读风景

地貌成形

地壳上升，雨水、河流和冰川的侵蚀，以及人类耕种，这些仅是我们在这里看到的风景成形的因素的一小部分。

阅读身边风景，首先要确认地貌是山地、盆地、冲积平原、海岸还是沙漠。下一步是解读地貌并探究其成因和形成过程，这需要一些勘察工作。通过调查地上留存的岩石种类，这些岩石如何被抬升或放置到现在的位置，以及侵蚀的力量或人类的活动如何影响了这些岩石，你会发现地貌成因的线索。

高原

高的地面很有可能是在地球板块运动中被抬升起来的。然而，岩石一经抬升，各种地质作用会立刻发挥作用并逐渐使之被侵蚀。

低地

较低的地面由板块构造运动、下陷及水、风或冰的侵蚀而形成。低地通常临近大海，最有代表性的是肥沃的冲积平原。

水和冰

水和冰对今天的众多地貌起决定作用，流水和冰切入山体，降低山高，形成河谷、盆地和冲积平原，并塑造海岸线。

人居

显然，自人类从事农业活动以来，太多的风景已被改变。我们重塑大地，耕种土地，建设家园，利用自然资源推动社会进步。

在这个星球上，高地呈现的风景也许是最令人印象深刻又激动人心的。一座山虽然看起来是固定不动的，是庄严的、宁静的、永恒不变的，实际上却远非如此。正是由于地球在不停地变化，山才会存在。借由千百万年来持续作用的巨大力量，山体得以成形，并且仍在变形。

高地景观的特征

一处典型北半球的高地景观的形成，取决于各种地质作用。板块运动抬升并折断底层的岩石，侵蚀作用则将之磨短、磨小，由此形成山、丘、岩石、谷地这些人们今天所能看到的地形特征。当抬升的力量超过侵蚀的力量时，山体隆起；当侵蚀的力量占主导时，山体会变矮、变小。

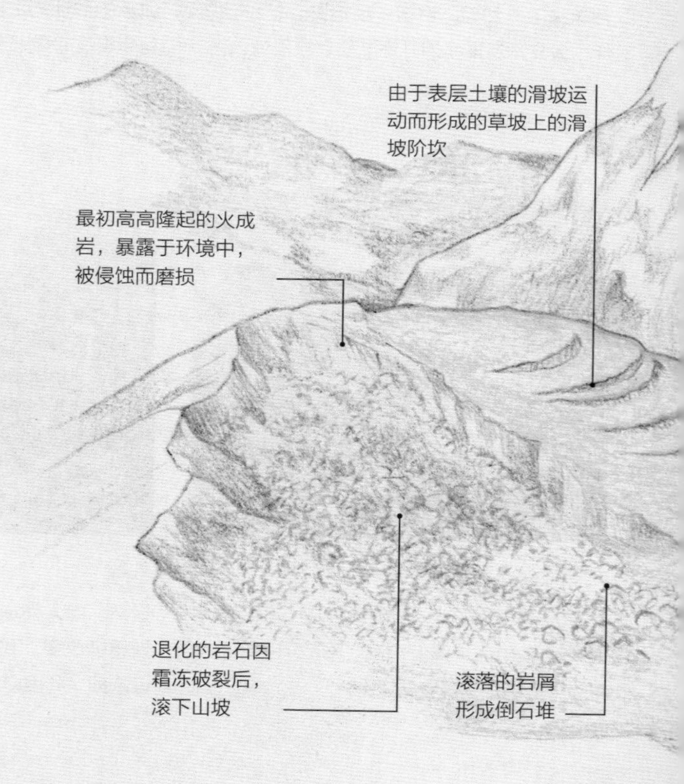

高地之境

在高地景观中漫步，你将看到各种景物：在冬天经常覆盖白雪的高峰，岩石嶙峋的山腰，难以翻越的岩面，崖壁与碎石坡，陡峭或平坦的山谷，瀑布，山涧，湖泊，冰斗湖。它们共同形成了复杂而多样的自然风景，其特征则取决于地下岩层的种类及侵蚀的方式（水、风和冰）和沉积的作用力。

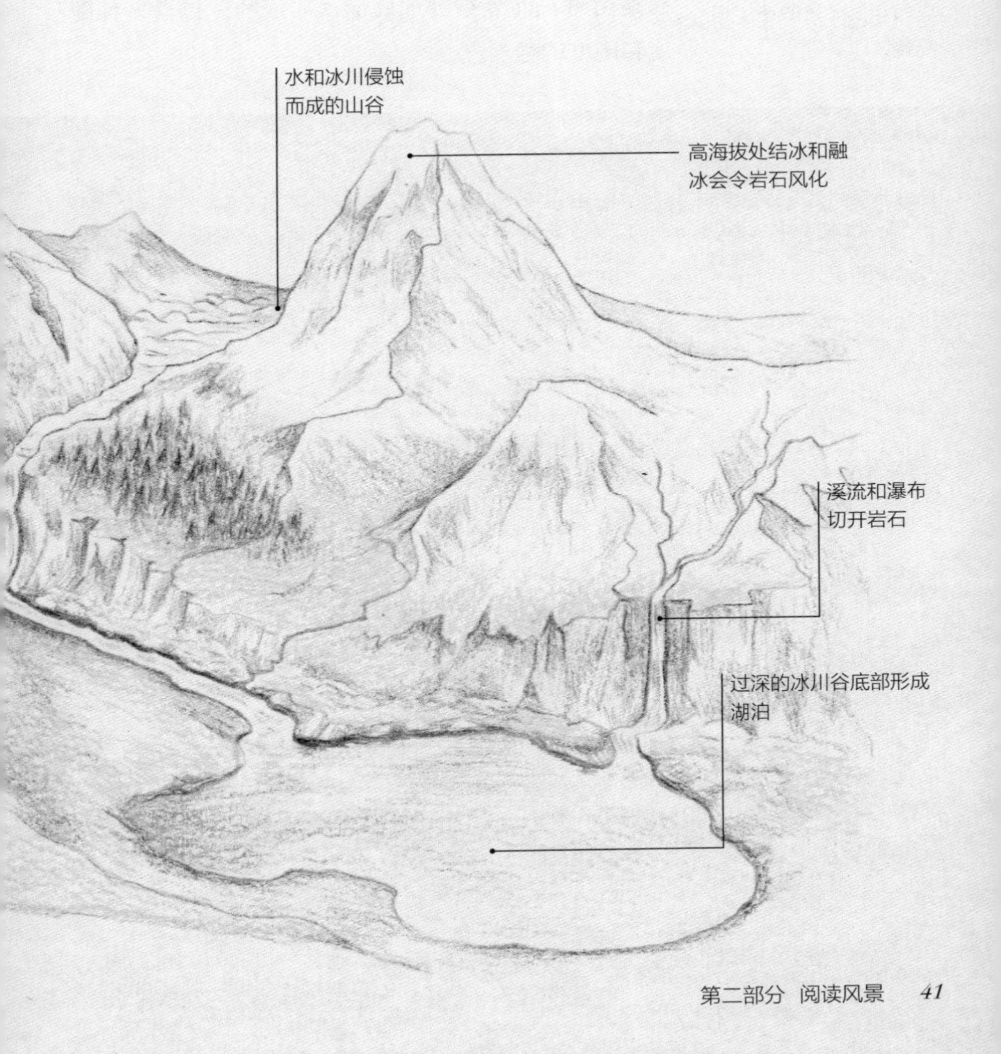

世界之脊

喜马拉雅山脉由欧亚板块与印度板块在 5000 万年前碰撞形成，它仍以每年 5 毫米的速度增高着。

山脉有各种形状和大小。有些非常古老，也许有 4 亿年的历史，而另一些相对来说则年轻得多。总的来说，越高的山脉越年轻。当然，大多数山脉都是由漫长而复杂的地质运动形成的，包含多种硬度和刚度的岩石。

世界的山脉

世界上大部分山脉均是在地壳抬升的过程中形成的，在此过程中地壳会受到水平方向上的挤压．从而导致岩层产生褶皱并隆起形成山脉，这被称为造山运动。同时．在挤压之下，有些地层还会裂开并产生错动，形成断层。断层两侧的地面会相对上升或下降。此外，岩浆活动也会形成山体或山脉。岩浆活动活跃的地方往往是构造板块的边界，在这里，两块板块相互碰撞或相互分离。在漫长的时间中，岩浆活动导致的火山喷发就会形成山体或是山脉。

例如，横跨挪威和苏格兰的加里东山系形成于约 4 亿年前。它在板块碰撞时被抬升而形成。随后构造力激发了英国的火山运动周期，其迹象仍可在英国西部的岩石中找到。从那时起，侵蚀作用开始逐渐消磨裸露的岩石。

有时你会在自然风景中看到裸露的沉积岩层，这些曾经平整的岩层，如今呈现出巨大的弯曲形状。这些弯曲褶皱是在相当长的一段时间内由地球板块相互推挤产生的巨大压缩力所造成的。更多其他的山脉都依照相同原理而生成。

岩石褶皱

偶尔，岩石褶皱会因侵蚀而暴露出来。这表明了岩石是如何被弯曲而形成这种典型的起伏不平的高地景观。随后出现的裂缝和断层也是由板块运动引起的，这使得岩石的构成变得复杂，并由此产生不同的硬度和耐侵蚀度。

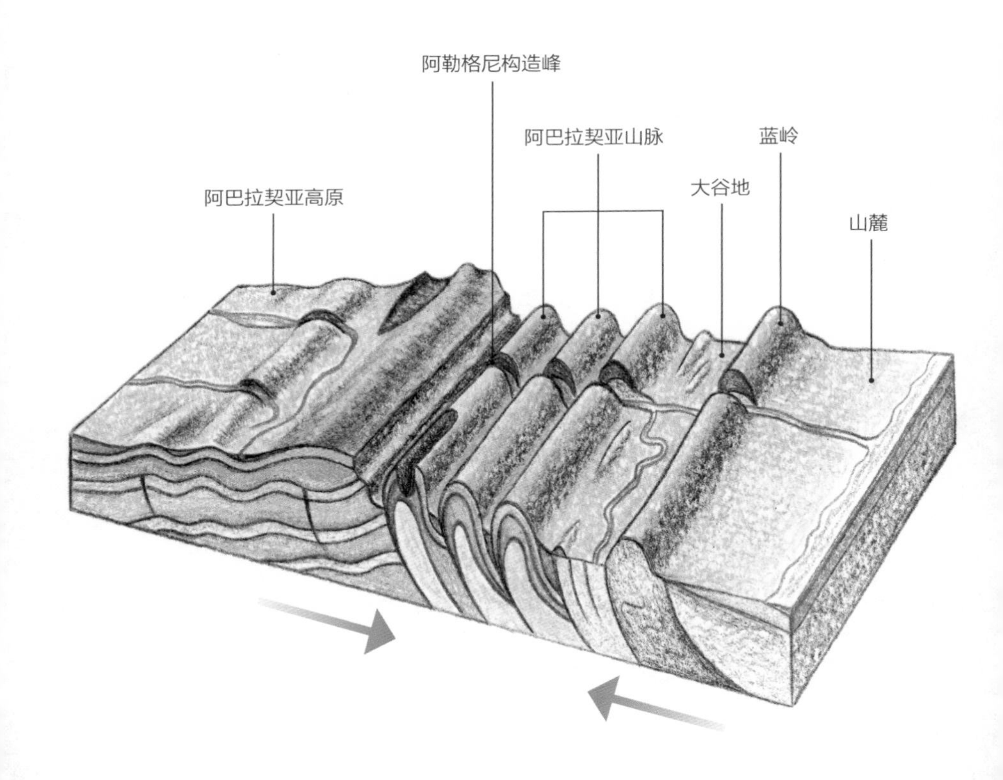

山的起源

山体形成的过程可以比作在一张光滑的桌面上从两端向中间推挤一块布料。当受到构造力的挤压时，岩层就像布料一样在折叠处隆起，并相应地产生凸起或谷地。这种挤压力也会造成多层地层和倾斜断层，推动岩石错位。阿巴拉契亚山脉即是这种山体形成的极佳案例。这些山脉被认为形成于 4.7 亿年前，由当时的超大陆冈瓦纳大陆和劳亚大陆碰撞而成。随后，更多碰撞和侵蚀组合作用开始塑造阿巴拉契亚山脉。

大裂谷

东非大裂谷是一系列断层的一部分，随着较小的索马里板块与构成非洲大部分地区的努比亚板块拉开，这些断层不断张裂。

巨大的平顶山或高原带有宽阔而崖壁陡峭的山谷，通常是由大面积的地壳水平张裂拉伸而形成。板块受拉或受压都可引发沿同一轴线裂开多处断层，由此形成多个对称的特征。除了抬升和倾斜岩块而形成断块山外，地面也可能下沉、下陷而形成相应的裂谷。这种自然风景可见于东非大裂谷和德国莱茵河谷。

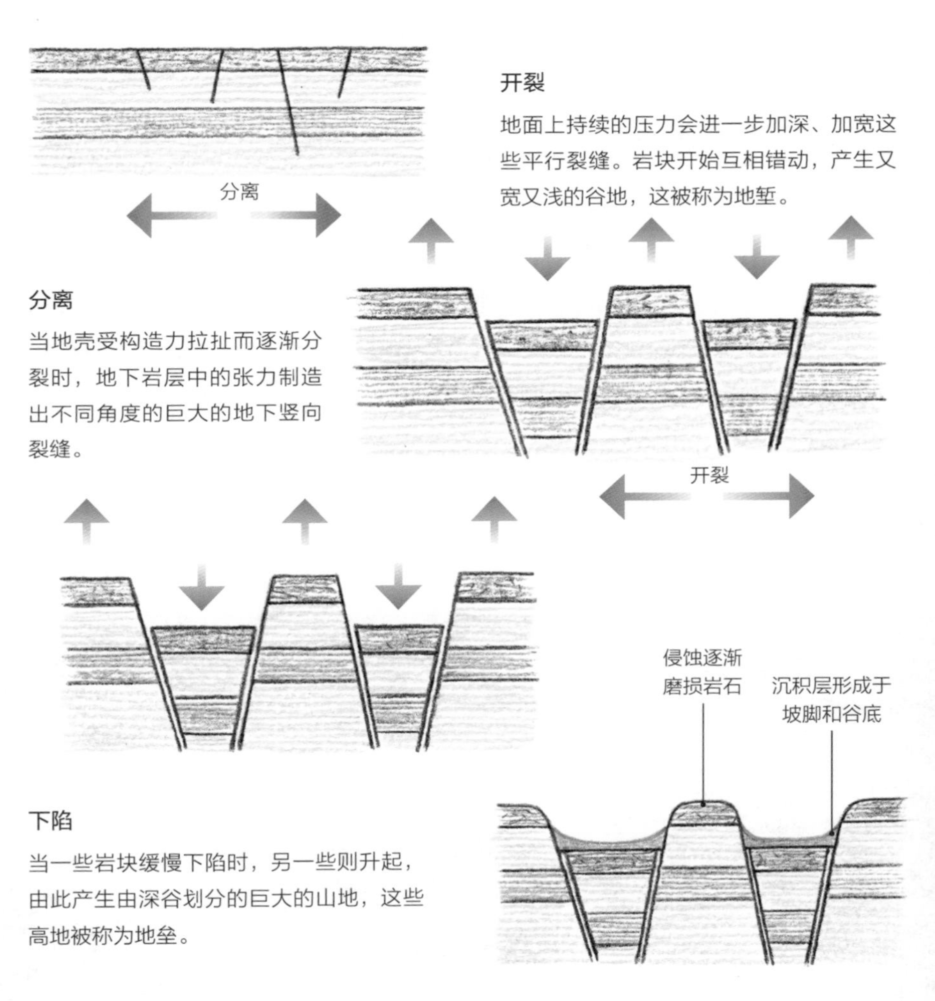

分离

当地壳受构造力拉扯而逐渐分裂时，地下岩层中的张力制造出不同角度的巨大的地下竖向裂缝。

开裂

地面上持续的压力会进一步加深、加宽这些平行裂缝。岩块开始互相错动，产生又宽又浅的谷地，这被称为地堑。

下陷

当一些岩块缓慢下陷时，另一些则升起，由此产生由深谷划分的巨大的山地，这些高地被称为地垒。

侵蚀

侵蚀的力量会磨损悬崖的顶部和边缘，沿谷壁产生倒石堆。流水则将这些岩屑沉积在山谷湖泊中。

隆起的山脉

美国怀俄明州的提顿山脉是落基山脉的组成部分之一。东部陡峭的悬崖从杰克逊山谷中隆起逾 2100 米。

在平坦谷底旁边有一排陡峭山壁，这表明在地壳因构造作用力而分离并变薄时，地面出现了长长的裂缝，同时山体被抬升。这样形成的山脉通常会有一侧有因岩块开裂并滑动而形成的非常陡峭的悬崖；另一侧则有从山峰向下的缓坡。美国的大提顿山就是一个很好的例子，而另一个较小尺度的例子则是英国坎布里亚郡的伊登河谷中升起的克罗斯山峰。

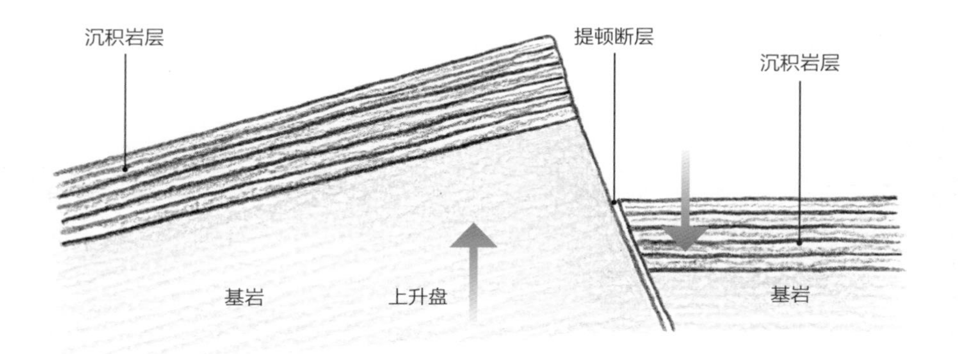

被抬起的山体

美国怀俄明州的大提顿山形成于 6 亿至 9 亿年前，大地沿巨大的裂隙或断层分裂。断层一侧的岩石被抬升，而相邻的地面向下滑落，于是两者之间形成巨大的悬崖。这种分裂的证据可见于断层两侧不同高度分布的原始岩层遗存。

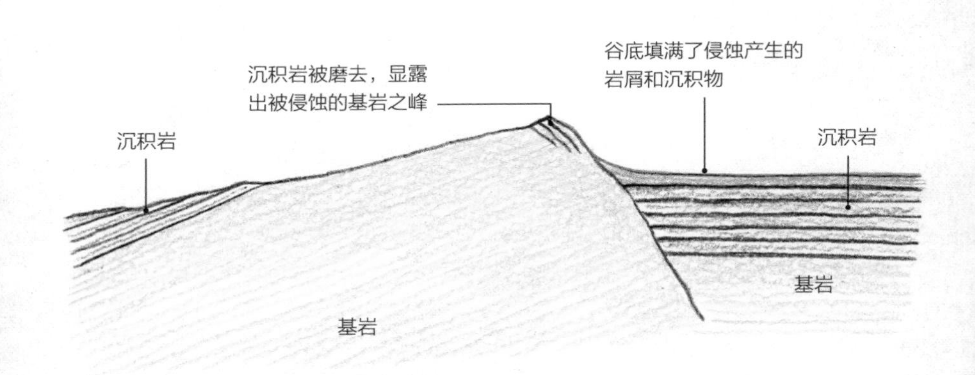

受侵蚀的山峰和山谷

随着时间流逝，侵蚀会逐渐磨去上升山体顶部的软质沉积岩，暴露出基岩，并使得提顿峰的表面变得崎岖不平。流水会逐渐冲走岩石解体和被侵蚀产生的岩屑，并在平整的谷底将这些岩屑沉积下来，形成新的沉积层。

艾拉瀑布

英格兰湖区的艾拉瀑布展示出流水侵蚀的力量，其携带的沉积物和碎岩块磨损着下方的岩石。

在前面所述内容中我们看到了山脉是怎样形成的：大面积的地壳和岩石受到构造活动的推挤、抬升、折叠和撞击。但这仅仅是故事的一半：对于形成今天我们所见的自然风景而言，侵蚀的力量同样至关重要。水、霜冻、风、重力和冰川可以利用裸露岩石在构造上的薄弱之处，制造、扩大裂缝。

土的移动和石的脱落

受风化和侵蚀作用的岩体会解体，并从山顶或山坡上脱落下来。在水和重力的作用下，土壤也会滑动，形成高地景观。

流水

侵蚀的主要力量是水，水在流下山体时会形成小溪、河、急流和瀑布。它同时会切开岩石和土壤，创造出新的、壮观的地貌。

霜冻和冰

我们在第一部分看到了高海拔地区的霜冻和冰是如何侵害岩石的。它们是导致山顶风化和被侵蚀的关键因素。重力、融冰和水会将这些碎片带下山。

冰和冰川

冰川形成于长时间的寒冷天气和降水（以雪的形式）。在过去260万年中的几个冰期里，冰川形成了北半球大片的冰川地貌。

高地景观中遍布岩石和山峰。当然，冰和水的侵蚀对于形成这种凹凸不平的景观有着重要作用。一些较脆的岩石易于开裂和解体，而另一些则坚固得多。这些较硬的岩石通常由火成岩（例如花岗岩）构成，因其更耐磨损，所以占据高海拔地区的时间就更长。英国的许多山峰，例如湖区的山或苏格兰高地，都是由这些被抬升后裸露出的火成岩构成。

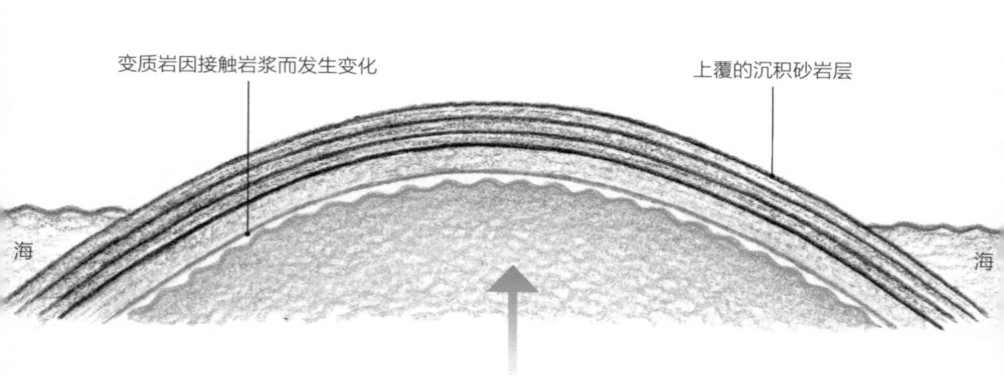

上升的过程

火成岩被抬升和被侵蚀的过程造就了许多隆起的地貌，例如位于苏格兰西海岸外的阿伦岛。约在 6000 万年前的古近纪，地球深处的岩浆上涌并形成一个巨大的地下穹顶形的构造。岩浆在上升的过程中抬升并使上覆的沉积岩层发生弯曲。这种向上的隆起形成了阿伦岛。

阿伦的山峰

阿伦岛上的戈特峰是地下深处的一处巨大的岩浆穹隆的地面遗存。数百万年来的风化和侵蚀造就了我们今天看到的崎岖不平的表面。像这样的山峰常带有冰川侵蚀的痕迹。

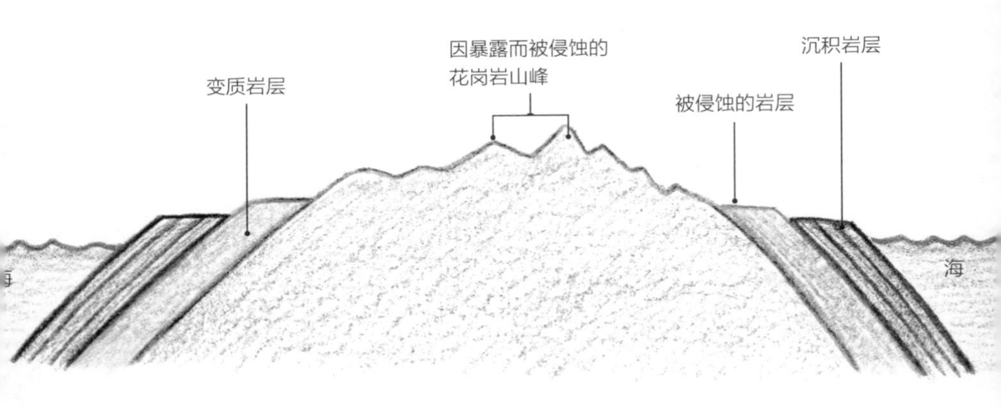

侵蚀山峰

岩浆固化形成花岗岩。在地下缓慢硬化的岩浆可形成大块的矿物晶体，比如在花岗岩中看到的晶体，大大增强了岩石应对分解和侵蚀的耐久性。渐渐地，沉积岩的上部软质岩层受冰劈作用、流水和冰的作用而被磨损掉，于是其下的较硬的花岗岩石暴露出来，继续受到同样的风化和侵蚀打磨。

在高地，尤其是在干旱地区，一些岩体或较小的岩石会孤立出现在大地上，而非作为某处更大的连续山脉的组成部分而出现。这些露头通常是在河流（或曾经寒冷地区的冰川）侵蚀、岩石风化崩落发生之后的大块的沉积岩的遗存。这种遗存下来的露头被称作平顶山，最终会退化为更小的山峰或孤丘。

纪念碑谷

在美国亚利桑那州和犹他州交界处的纪念碑山谷中有平顶山峰和孤丘，正是曾屹立于此的连续岩体的遗存。其中的沉积层会因霜冻或岩崩而解体，并受到沙漠溪流的侵蚀。

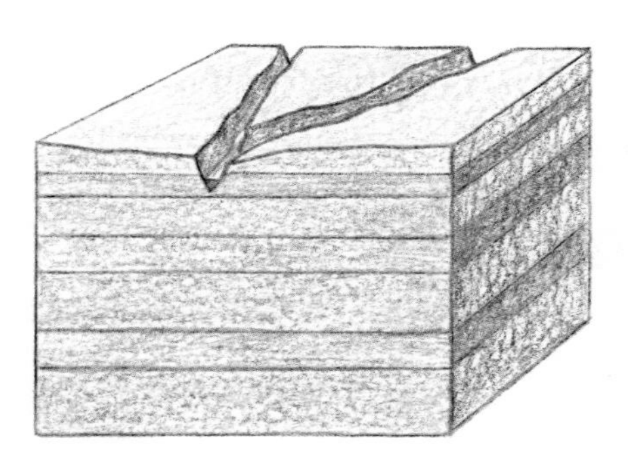

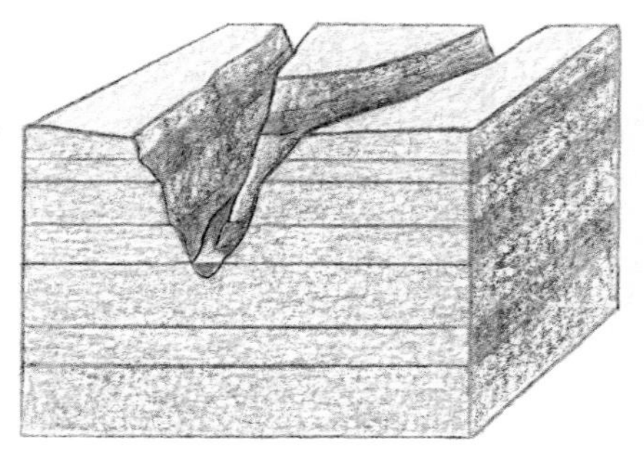

沉积

沉积层由河流携带的岩石碎屑在大的河口、湖或海洋中逐渐沉淀而成。这些沉积物经固结成岩作用成为大而平的岩层，一旦暴露于环境中，即成为流水侵蚀的对象。

侵蚀

河流形成，进而切割山谷岩层，逐渐带走碎石。霜冻会导致岩石破裂，而崩塌则将岩石碎块从山崖带入下方的山谷。

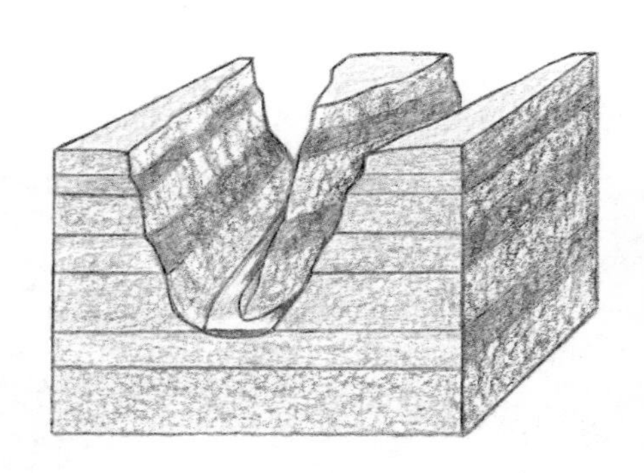

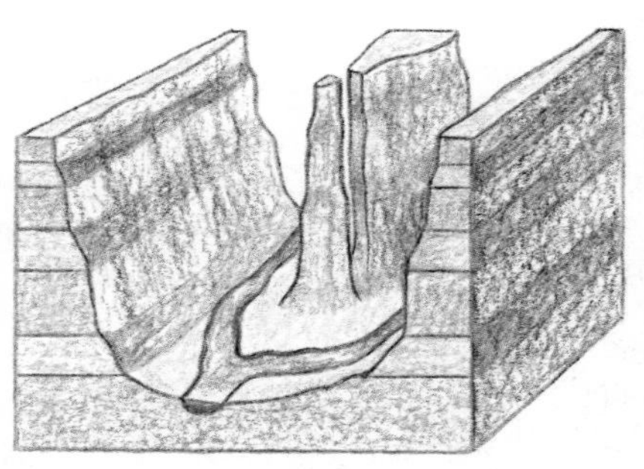

后退

因为干旱地区降水很少，岩石顶部受到侵蚀就很少。相反，接近垂直的岩壁会受到山脚下河流的侵蚀，在底部被掏空后因重力作用坍塌而逐渐后退。

石之岛

被称为平顶山和离堆山的岩石岛和较小的岩石塔留存下来，但最终它们也会像周围的岩石一样被风化和岩崩消磨殆尽，其碎片被河流带走。

兰德尔山脉

兰德尔山位于加拿大的艾伯塔省，它独特的“猪背脊”外形是岩层向上弯曲后被多年侵蚀后的结果。

一些高高的山脊在一侧有陡坡，这被称为悬崖，而另一侧是较缓的坡——类似一些山腰。然而这些山脊是由不同的构造过程形成的，板块构造力在其中起了作用，它扭曲了基础岩层；侵蚀力也很重要，它切去了一层又一层的裸露的软质岩石，形成了我们今天看到的壮观的山脊。

褶皱

平整的沉积岩层受板块运动带来的挤压作用，逐渐被抬升，变成巨大的起伏的褶皱。

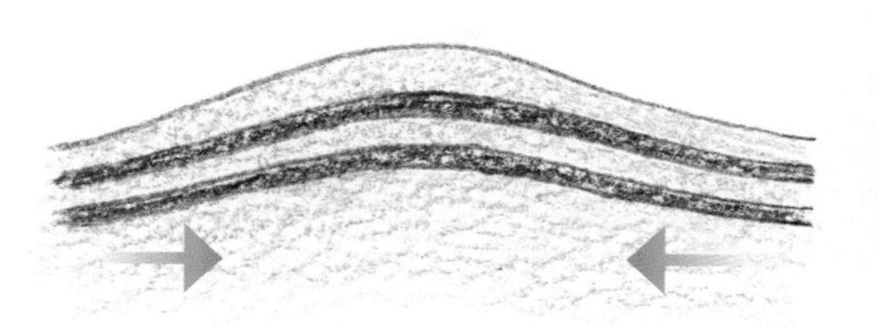

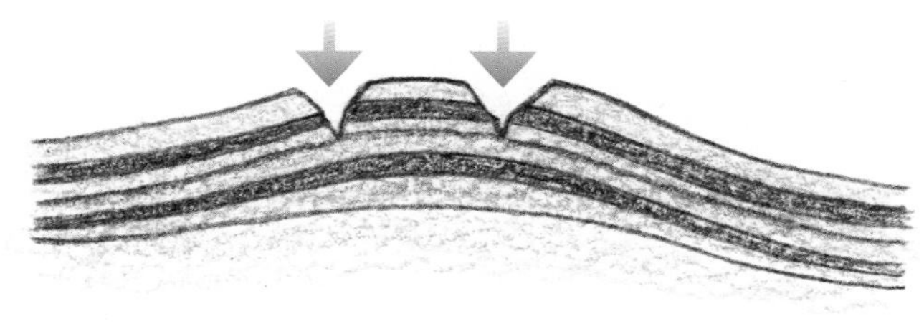

侵蚀

在岩层弯曲时，岩层也很快开始受到风化，裂缝扩大后，流水则侵入岩层形成纵向裂隙。

水

岩石随着脆弱处逐渐暴露而碎裂，水冲走岩屑，并进一步侵蚀岩层。

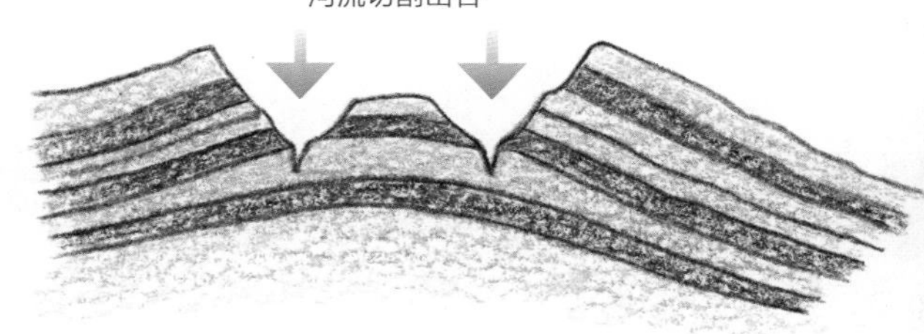

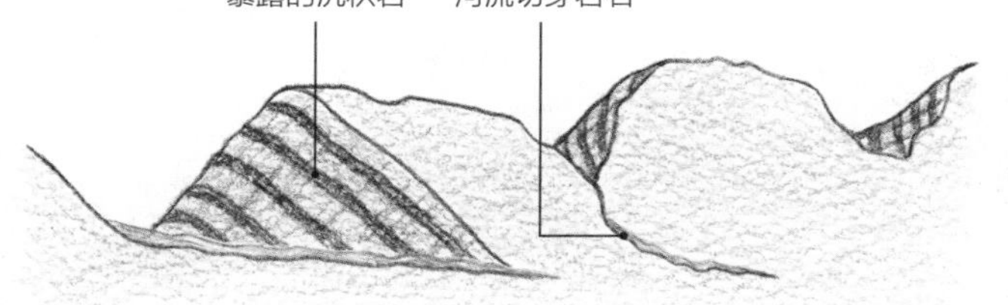

山脊成形

奔流的河水也会穿过山脊，切出“V”形山谷，塑造“猪背脊”，形成独特的“熨斗形”。

高地 • 大型平顶山

顶平如桌面

加那利群岛的拉戈梅拉岛上的加拉露纳山由耐侵蚀的火山岩形成。侵蚀的力量已经磨去了周边除平顶山以外所有的景物。

大型平顶山由漫长的侵蚀过程而形成，周围的物质都被侵蚀殆尽，独留坚硬的岩石之岛高高耸立。它也被称作平顶山，这种地貌常见于干旱地区。这种岩石的平顶部分通常由耐久的岩石盖于其上，其中含有更坚硬、更牢固的沉积物，保护着下层较软的岩层。小的岩石峰如孤丘也是这样形成的。

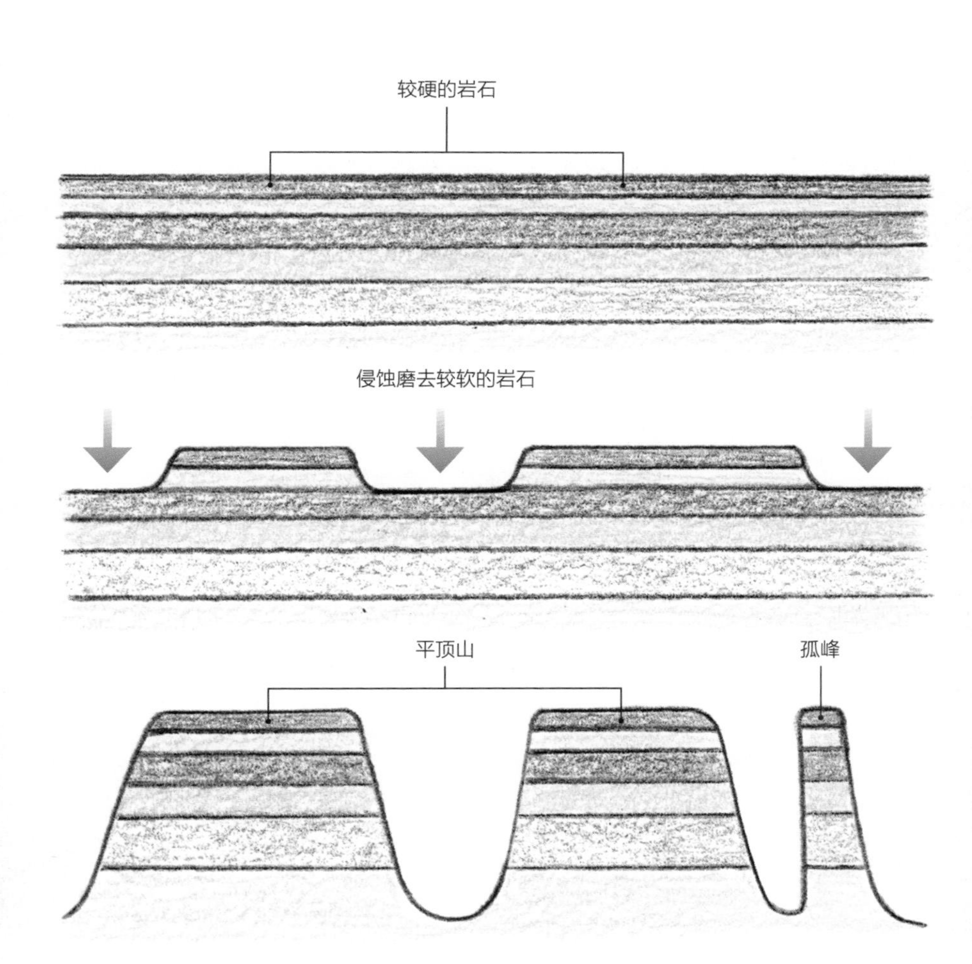

平顶山的形成

经由多年沉淀而成的沉积层逐层叠压。岩石的某些部位比其他部位要坚硬和耐久，这归根于岩石形成过程中的多种影响因素，比如矿物成分、化学反应或承受的压力。水和风侵蚀裸露的岩层，其中切入更软质的岩层被破坏得更严重。这个过程会使顶面变矮，而那些表面有坚硬岩盖保护的部位则不然。久而久之，像桌子一样的岩石出现了。如果沉积层曾有褶皱，这些顶面也许会有倾角。

恐怖的埃特纳

黑暗阴森的埃特纳火山位于地中海的西西里岛上，由火山管喷出的火山灰和熔岩层层叠压而形成。埃特纳火山是欧洲最高的活火山。

初见活火山，会觉得陌生且不安，也许是因为我们已经感受到了位于我们脚下的活火山所具有的能够改变这颗星球的巨大力量。大多数活火山位于活跃的板块边缘附近。活火山的外形被描绘成由火山喷发物、山顶的火山口和流动的岩浆及火山灰构成的耸立的锥形或半球形，但实际的形状由其形成过程和来源物质而决定。一些火山（例如美国华盛顿州的圣海伦火山）会呈爆炸式喷发。

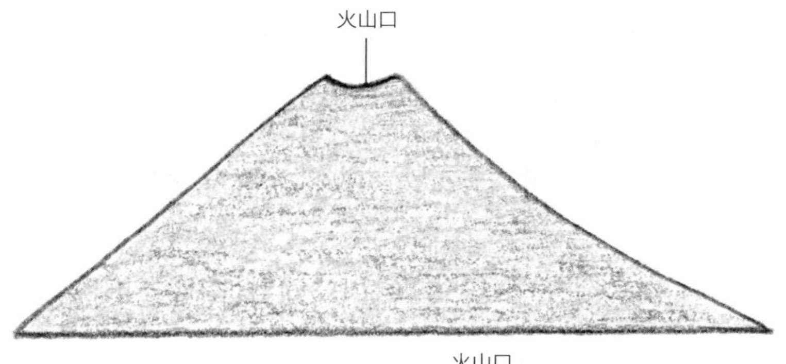

复合型火山

这是一种大型的、陡坡的、对称的火山，例如埃特纳火山或日本的富士山。其山体是由喷发出来的熔岩、火山灰和碎石层层交替叠压而成。

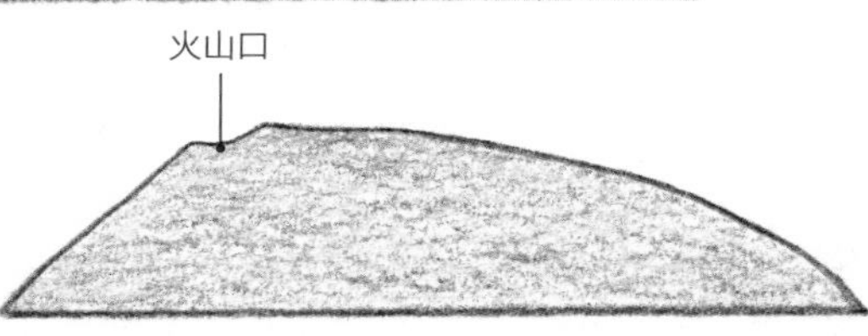

火山渣锥

当一股股火山灰、灰烬和其他粗质碎块被喷发出来，并在火山管周围堆起一座山丘时，火山渣锥就形成了。

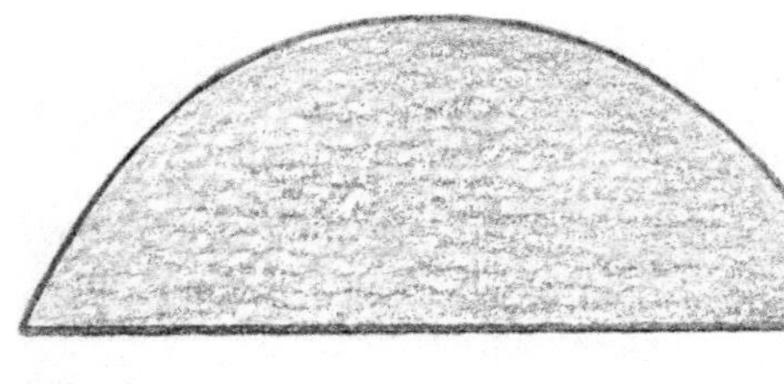

熔岩穹丘

当熔岩非常密集且几乎不含有任何气体时，几乎不流动，而会以穹顶的形式覆盖在火山管上，并迅速凝固。时间长了，就会形成熔岩穹丘或熔岩颈。

盾状火山

这是一种面积大、凸面的火山穹丘，由炽热的熔岩喷发后自由流动而形成，其覆盖面积甚广。盾状火山，如美国夏威夷的莫纳罗亚火山，覆盖面积可达数百平方公里。

一些地区仍然可以看到过去火山活动的明显迹象，它们形成了山脉或丘陵，有些山峰甚至还存有火山口。这种山丘和火山口由地面洞口喷出的物质所形成，随后，由于火山活动停止，火山口开始碎裂并受侵蚀。因为发生的时间距今比较近（从地质学的角度来看，地质学往往以百万年为单位），侵蚀作用尚未经足够的时间将这些山丘磨平。

耗尽的力量

法国中部山丘群的多姆山链是死火山群遗存，其外形有火山渣锥，熔岩穹丘和低平火山口（是由地下水遇熔融的岩浆时爆炸产生的大型火山口）。这些火山的最后一次活动是在6000年前。

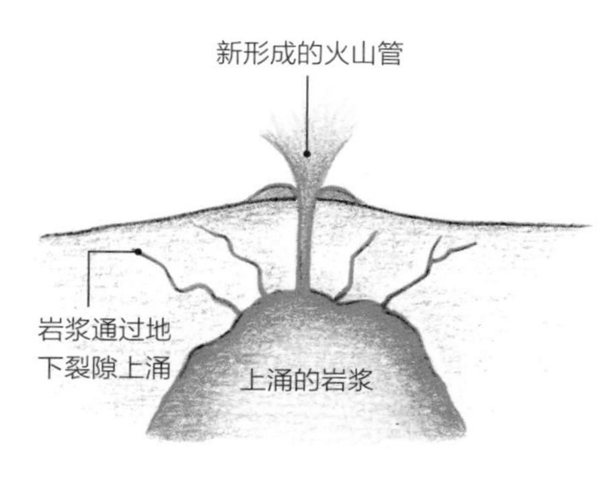

上涌的岩浆

岩浆上涌至地表，使地面隆起。裂隙形成，使得岩浆能够从中央管或其他多个侧管涌出地面。

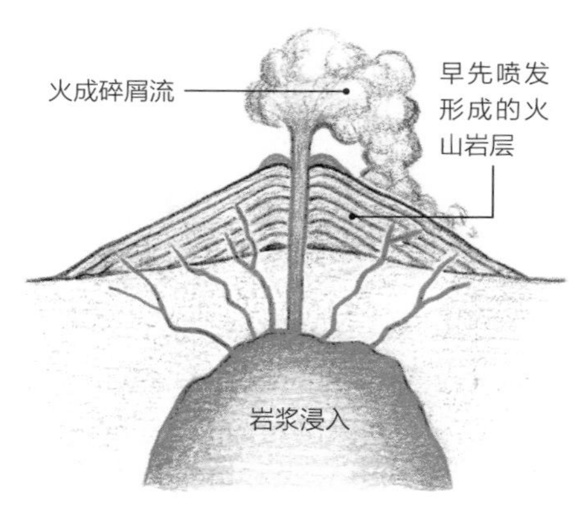

喷发

在火山活跃期间，会喷出一系列的物质，包括水、气体、熔岩、火山灰和岩石碎块。这些物质在火山口的周边堆成一个山丘。

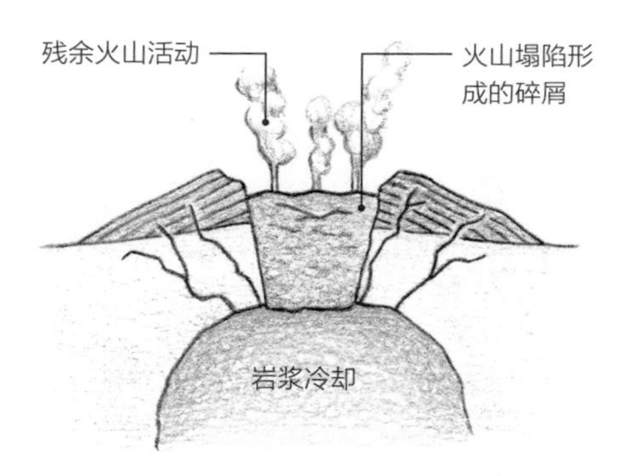

衰退的活动

随着火山活动逐渐衰退，侵蚀作用磨尽了穹丘和中央火山管，扩大了火山口。火山口边缘塌陷，形成更大的火山口或破火山口。

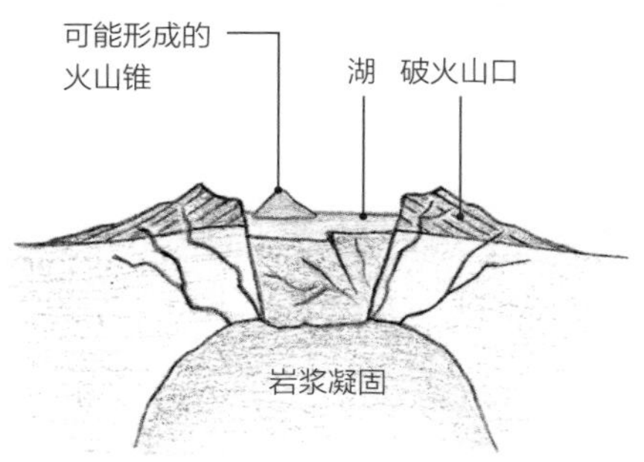

腐蚀和侵蚀

长期的侵蚀会逐渐扩大破火山口，并常常会使其注满水。接下来的火山活动可能导致破火山口内部出现小的、新的火山锥。

岩浆柱通过地下时伸展形成火山颈。遗存下的岩浆柱通常是较硬的岩石，这些岩石要比数百万年前岩浆上涌时所穿透的沉积岩或变质岩硬得多。正如我们看到的，一旦环境开始侵蚀岩石，凝固的岩浆通常是最后才消失的，所以说它有着耐久性更强的特征。

魔鬼塔

美国怀俄明州的这座火山岩塔，矗立于周围的沉积岩之上。地质学家仍在讨论它的确切的成因，目前的一个理论认为该塔由一座大火山的底部形成的岩浆构成。

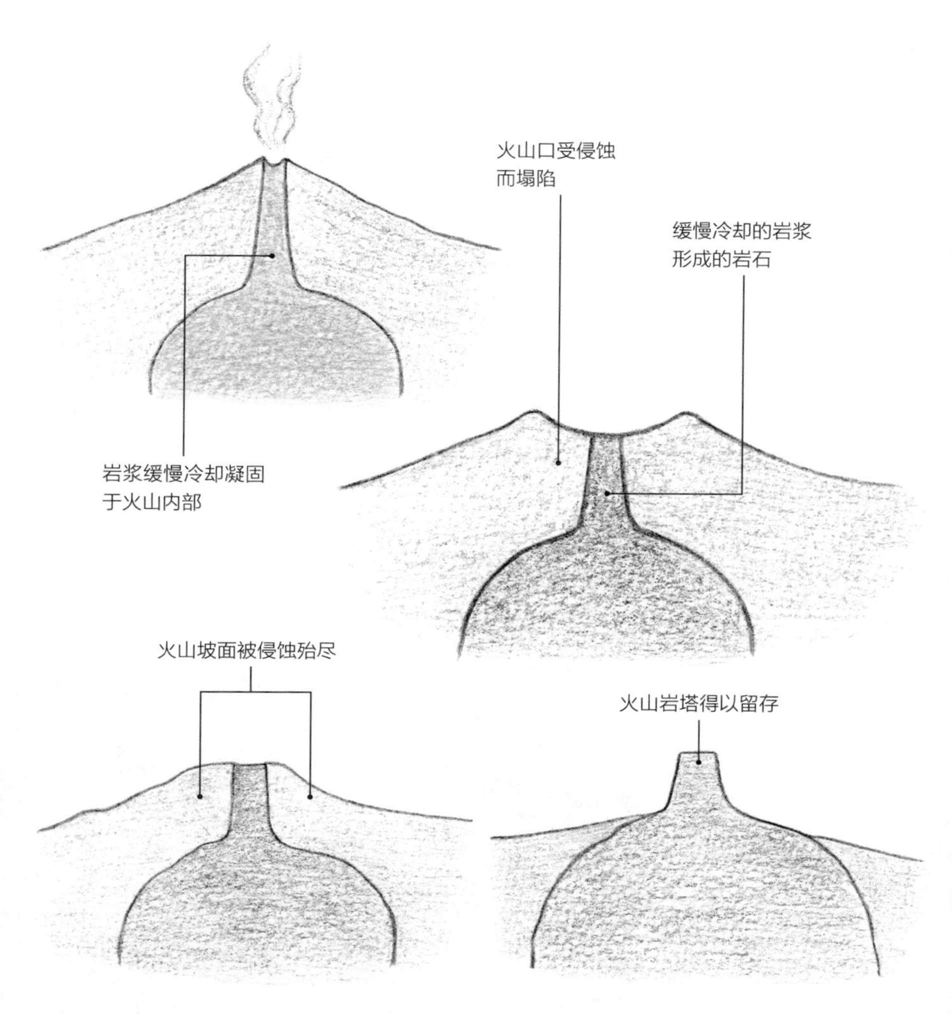

火山塔的形成

火山一旦变成死火山，曾作为其源头的岩浆柱或岩浆库会在地下缓慢的凝固，形成比周围的沉积岩或变质岩硬的物质。随着地表的火山灰和其他石块被侵蚀、并被雨水或冰川带走，较硬的火山岩留存了下来，形成直立于地表的岩石露头。露头会继续被雨、冰、霜冻所侵蚀，被冰川塑形，最终形成我们今天看到的岩石塔。

火山喷发会产生不同类型的熔岩流，刚喷出来的熔岩流易于区分，而多数经长时间的侵蚀，仅留下暗色的火成岩。最易辨认的古代熔岩是玄武岩柱，在世界很多地方都能看到。当然你也会见到其他形式的熔岩流遗迹，比如熔岩流、熔岩墙或熔岩侵入周围岩石形成的大面积的黑色、细纹岩石，或是罕见的、在水下形成的圆形枕状熔岩。

熔岩柱（玄武岩柱）

在熔岩缓慢冷却的过程中，玄武岩柱形成了，这也会导致其出现间隙均匀的裂缝。这种形状的岩石多见于裸露的悬崖或海岸，例如北爱尔兰的巨人堤，或是苏格兰的斯塔法岛。

新鲜熔岩流

玄武熔岩是流质的，其熔岩流有两种形式：有着平滑、绳状表面的绳状熔岩，和有着更为粗糙和块状外表的渣状熔岩。而安山质熔岩黏性更大，会产生块状节理。

玄武岩柱

当岩浆喷出后，一些熔岩因上覆熔岩的阻隔，冷却稍微缓慢一些。在此过程中，熔岩冷凝面形成无数间隔排列的冷凝收缩中心，周围熔岩冷却时均以其为中心收缩，导致形成柱状节理，这就是玄武岩六棱柱的成因。

岩脉

在熔岩受力穿过地下裂缝上升的地方，熔岩会凝固成垂直的线状或管状。在周围的较软岩石被侵蚀殆尽后，就会露出这种岩脉。

突岩是一种激发人类想象的奇特景观。它的形状不规则，有些轮廓似人形，许多地方以传说来解释这种奇怪的石塔的由来。它们真正的成因更为复杂，也更为神秘，地质学家还在使用不同的理论来解释其具体成因。突岩通常位于温带、寒带或亚热带，由侵入岩（例如花岗岩）或耐侵蚀的变质岩组成。

突岩起源

达特穆尔的花岗岩突岩是约在 2.8 亿年前的石炭纪期间，由地下侵入岩形成。有一种理论认为，当这些突岩还在地下时，炎热的环境曾导致它们化学风化，随后这些岩石由于表层土壤的消失而暴露，并在寒冷气候下破裂。

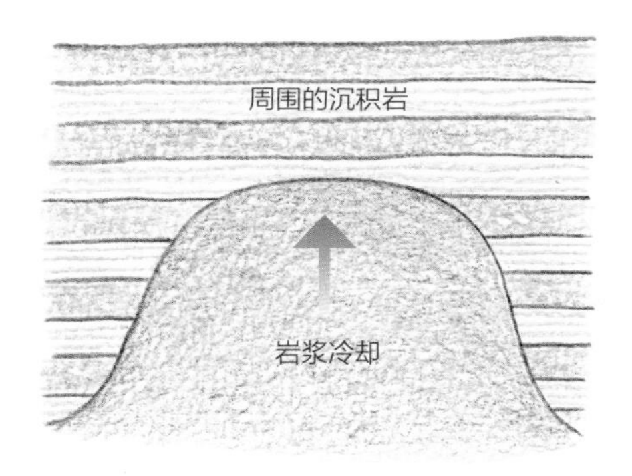

岩浆侵入

突岩起源于数百万年前地下深处的熔融岩浆的侵入。在岩石冷却的过程中，岩浆中挥发性的气体和化学物质被困于地下，并沿岩体本身的裂缝侵蚀岩体。

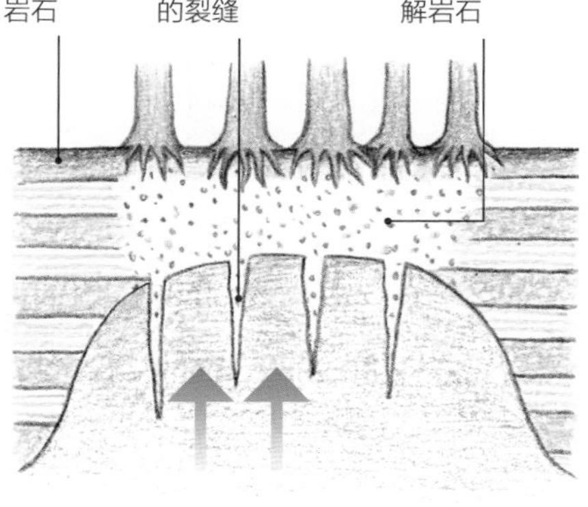

风化

有一种理论认为侵蚀作用磨去了上覆岩石和土壤，使得酸性液体和有机化合物从热带雨林中渗入岩石中，并使其风化。

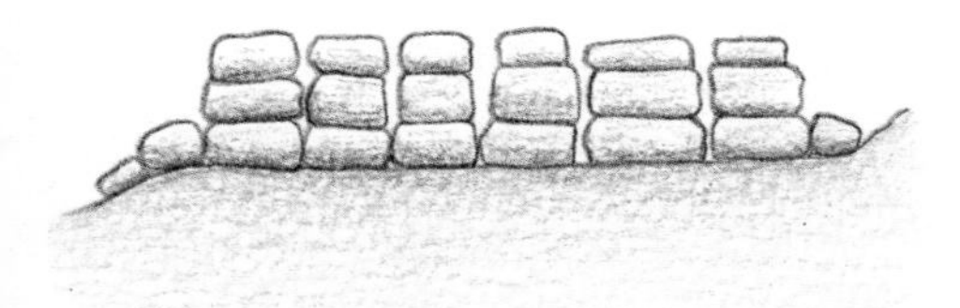

寒冷的气候

还有一种理论认为，在寒冷气候中，地下冰劈作用会使岩石开裂，而岩石暴露于地表后，则会进一步受雨水、霜冻和冰的侵蚀，直至崩解。

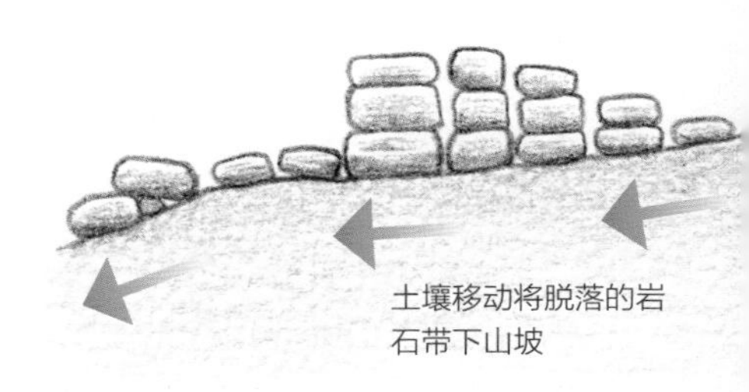

巨砾堆和巨砾

风化作用继续作用在裸露的岩石上并使其产生裂缝。冰缘区环境下的表层土壤移动将松散的小碎岩块带下山坡，散落成我们今天看到的倒石堆。

高地 • 岩壁和岩脊

在高地景观中会见到的另一种岩石露出的形式是岩壁和岩脊。同样，它们的质地比周围的岩层硬得多，在受到缓慢侵蚀的过程中，形成了我们今天看到的突出的岩石的外貌。一些岩脊由流动性高的岩浆形成，岩浆在凝固前流入周围岩石的横向裂缝或交接处。其他像是砂岩这类岩石，例如粗砂岩这种形成于高压之下的坚硬岩石，也可形成此类地貌。

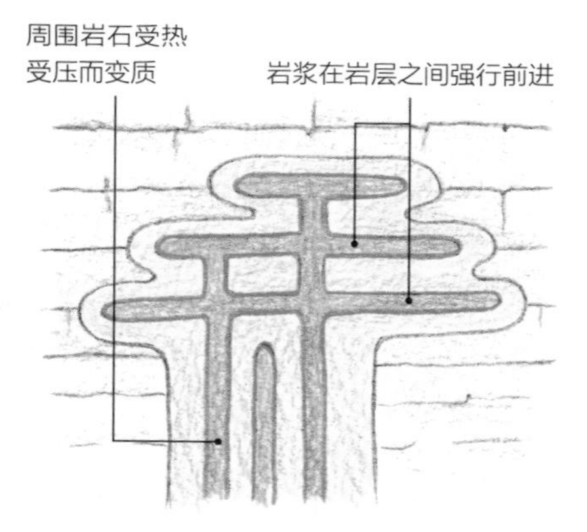

周围的岩石变化

熔融的岩浆上涌，接触到大块的岩层，在高温高压下使得这些原有岩层熔化并变质。

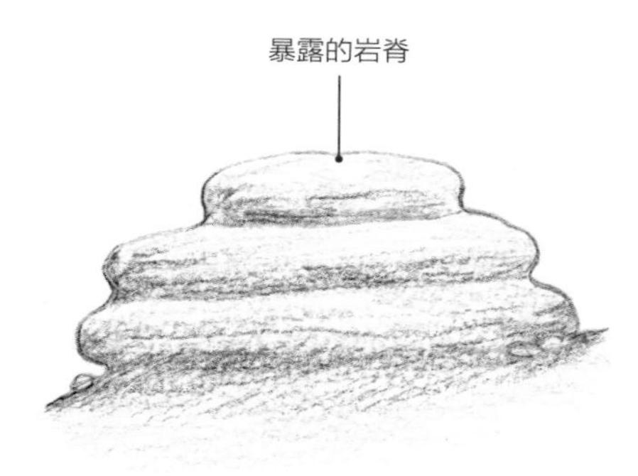

岩脊暴露

上层岩层逐渐被侵蚀殆尽。岩石一旦暴露于环境中，周围的软质岩会在雨、风、冰的侵蚀作用下，更快地解体，露出岩脊或岩床。

山顶的岩床

一些岩床令人印象深刻，并具有重要的军事用途，例如横跨英格兰北部的暗色岩床，罗马人曾利用它建造哈德良长城。暗色岩床的形成非常复杂，是由岩浆侵入时与周围沉积岩一起熔融后冷却而成。

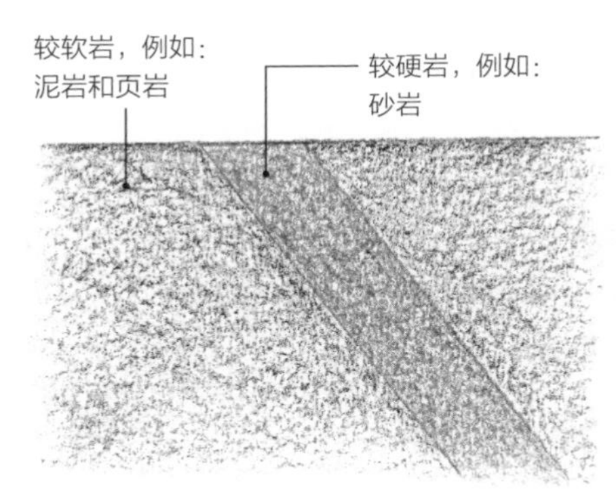

沉积

岩石碎屑的沉淀物在河口、湖泊或海岸线积聚。这些沉淀物层层叠压，压力向下传递累积，使得下部的沉积层更为坚固和密实。

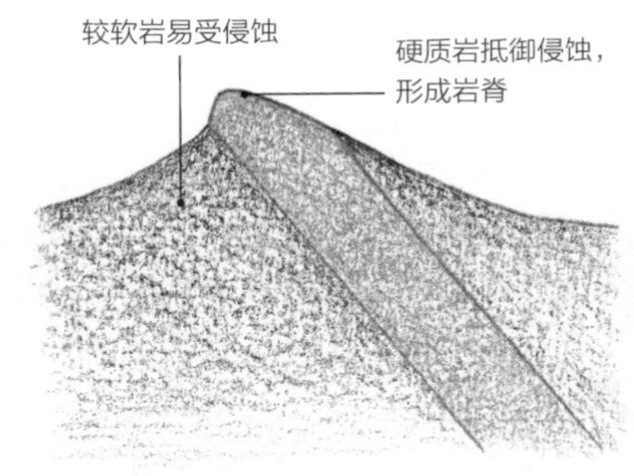

露出

随着时间的推移，大地因构造运动而抬升，岩层受挤压并弯曲。一些岩石被侵蚀殆尽，而较硬的岩石被磨损的速度则慢得多，由此形成砂岩露头。

华兹沃特石坡

英格兰北部湖区的沃斯特湖的神奇景致的亮点在于岩屑坡，这是因霜冻作用，由自上方岩石脱落的岩石碎块形成的巨大连绵的墙。

一些陡峭的山或山坡表面覆盖着松散的岩石。随着时间的推移，其上坚固的岩石因温差、雨水、冰劈的作用而风化，形成岩石碎块慢慢脱落。这些岩屑由重力作用落下山坡，积存于山腰处，称作岩屑堆或岩屑坡。这种现象常见于高海拔地区，因为那里的岩石暴露于严酷的风化和侵蚀环境中。散落岩石的平坦区域称为“石海”，是由于在冰缘条件下的冰劈作用造成的。

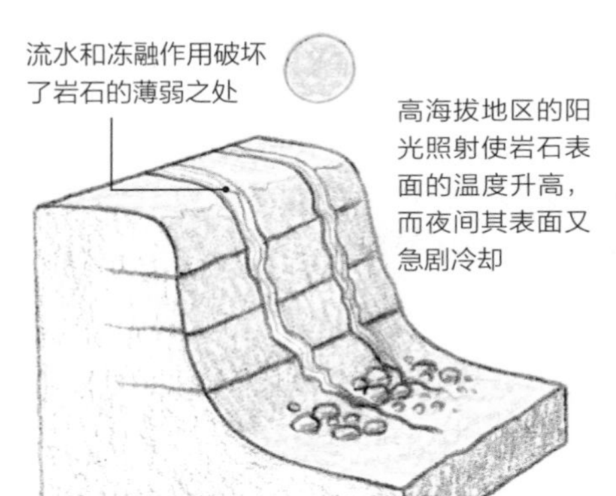

岩石风化

高海拔地区的暴露的岩石会受到极端温度的不断风化，由此引发膨胀和收缩。岩石还会受到水、雪、冻融的侵蚀作用。所有这些作用力都会优先破坏岩石的薄弱之处。

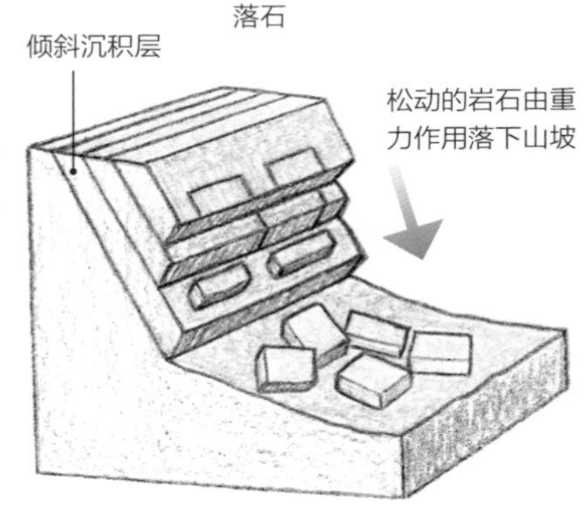

岩石脱落

沉积岩的成分和构成角度也会影响岩石脱落的方式。有时大块碎岩沿沉积层的坡向脱落，产生落石。

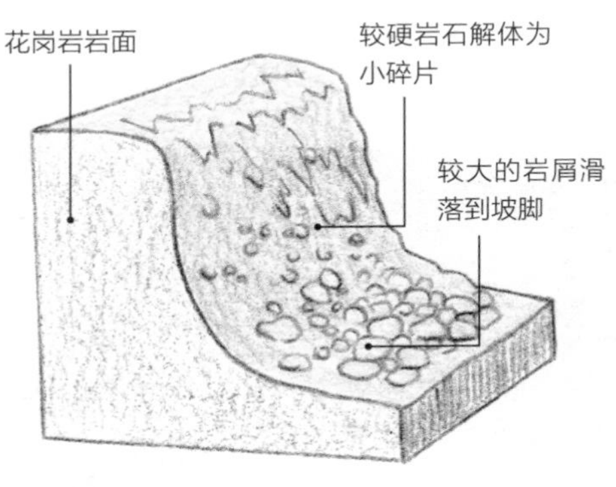

岩屑积聚

更为耐侵蚀的岩石则以较小碎屑的形式滑落至山坡腰部，形成倒石堆，而较大的、较重的岩屑则滑落到坡脚。

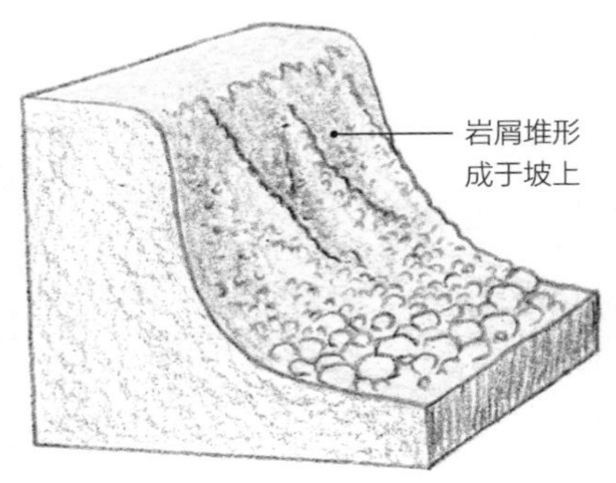

岩屑坡形成

随着时间的推移，碎石会在山坡底部堆集，并保护坡底不受侵蚀。此处寸草不生，表明石块仍在持续滑落，因为植物在流动的岩屑中无法扎根。

山坡上的阶梯，也被称为“土溜阶坎”，表明土壤正在沿坡向下，以极其缓慢的、通常是难以察觉的方式运动着，这种运动被称作“土壤蠕动”。它的其他迹象为山坡上的褶皱或土丘。在重力的作用及水分、霜冻和结冰的辅助下，山坡上的土壤和风化岩块一直在向下移动。因此，土溜阶坎常见于陡峭的、覆有土壤的山坡上（比如高地或其他地方），这些地方在潮湿的气候中更容易发生冻融。

土溜阶坎

照片中山坡上的土溜阶坎表明了土壤蠕动的作用。这种阶坎在陡坡牧场上最为清晰，这里的牲畜会利用自然形成的台阶攀越山丘。牲畜的体重将土壤向下推，进一步加深了阶坎。

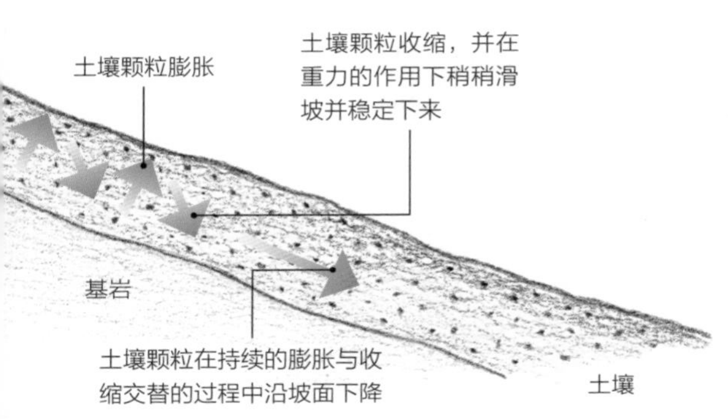

降雨和冻融

导致土壤蠕动有很多因素，其中就有降雨和冻融。土壤中的黏土颗粒会吸收雨水并在干燥时释放水分，同时伴随着颗粒自身膨胀和收缩，由此导致颗粒沿坡下降。冻融的作用与降雨类似。在易受低温影响的高地地区，土壤颗粒在冻结时会膨胀。此时土壤颗粒会被抬升，此一过程被称为“冻胀”。当土壤解冻时，土壤颗粒会回落，降低斜坡的高度。

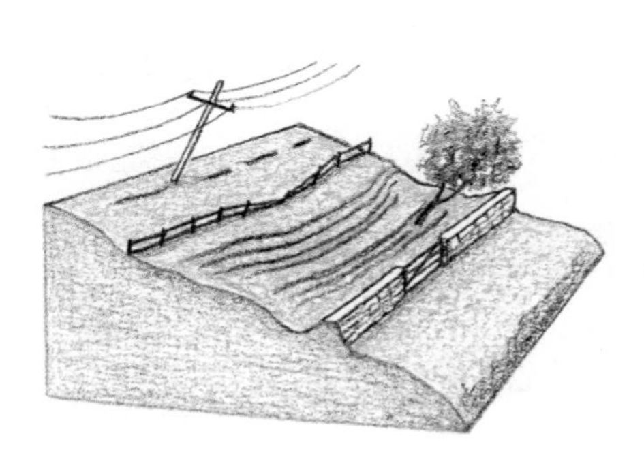

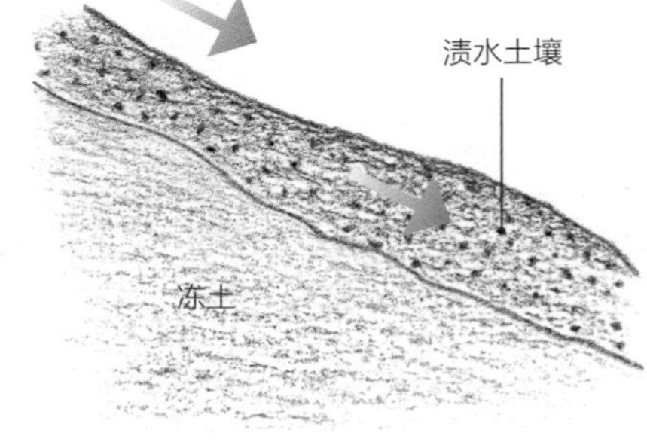

土溜阶坎

土壤的向下运动引起土地表面的破裂。如果土壤上面只有一层薄薄的植被，其根部会抓住下面更坚固的岩石或底土，固定住土壤顶层，但会形成土坎，这些土坎通常因放牧动物的踩踏而更为突出。土壤蠕变的其他迹象包括因为土壤的侧推力而产生的树干、人造结构（例如杆子或栅栏）或凸出的墙壁向下移动。

土壤潜移与融冻泥流

在冰缘或寒冷的高地地区，较低的土壤层会冻结成固体。上层受热解冻时，水分无法排出，顶层变成流体，导致它向下流过下面的固体土壤或岩石。这个过程是土壤潜移的一种，这个过程形成了裂片和阶地。这比土壤蠕变略快。融冻泥流是一个类似的过程，发生在永久冻土层之上——即土壤的下层永久冻结。

比阶坎或其他土壤蠕变迹象更引人注目的是山体滑坡在泥土或岩石山坡上留下的残痕。这些运动比土壤蠕变要快得多。由于暴雨或山坡高处的冰融化，大量的水骤然流下山坡，使土壤结构松动并增加其重量，将其带下山。松散的岩石也会突然下落，造成滑坡和崩塌。这些泥土和岩石的运动影响了山坡的大片区域，随着时间的推移塑造着这片区域。

随波而去

水浸透土壤造成的泥石流在山坡上留下明显的残痕。植被和小石块被碎石流带下斜坡。

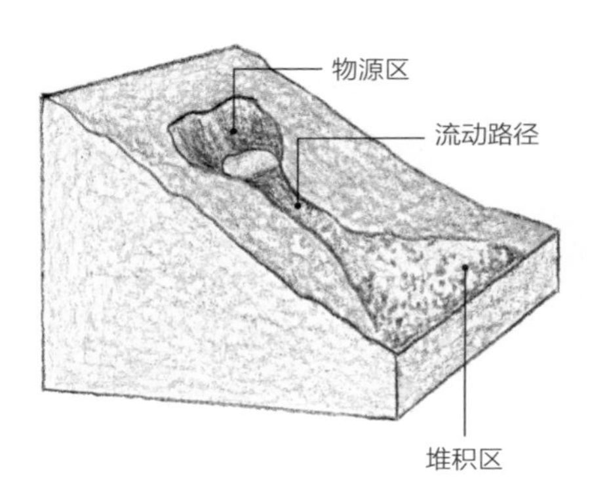

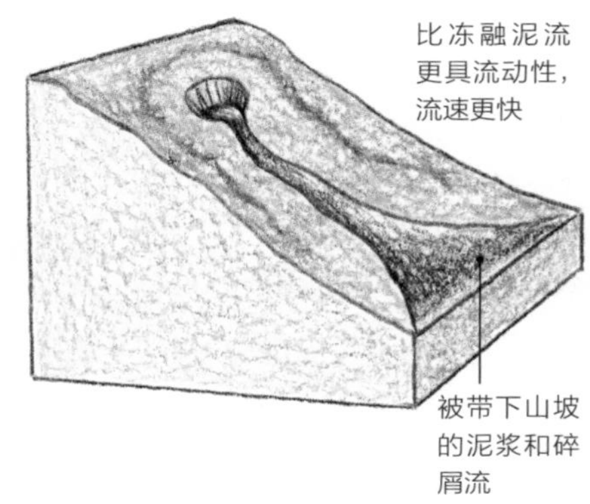

泥石流

我们已经看到了土壤冻融泥流如何导致比土壤蠕变更快的泥土流动。斜坡上的土壤被浸泡变形并变成半液体后，就会发生流动。土壤向下流动，在地面上形成流动轨迹或凸起的形状，称为泥石流扇。泥石流移动得更快，因为它们含更多的水。泥石流会留下许多泥浆和小石块。

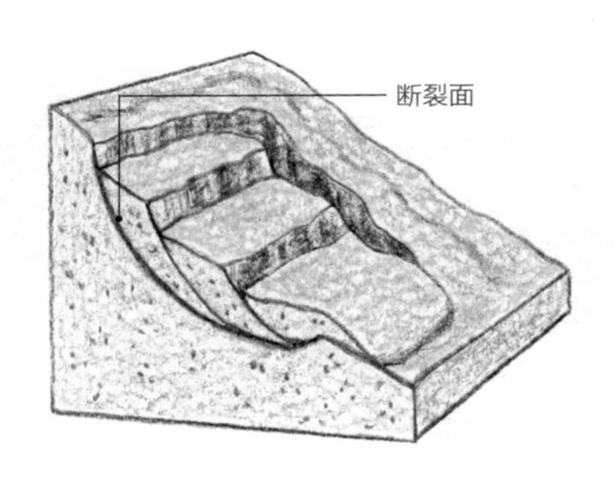

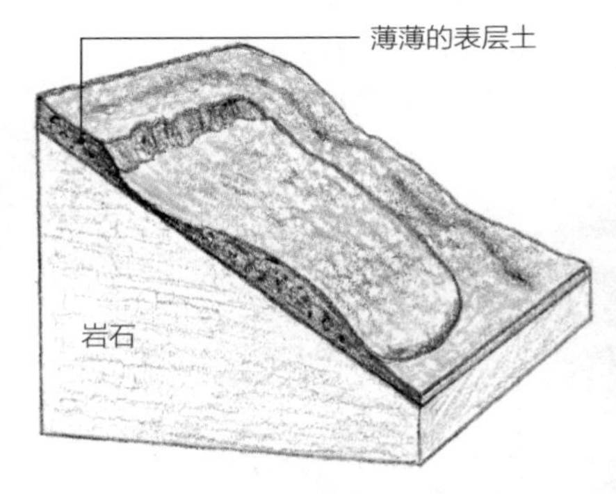

深层滑坡和浅层滑坡

滑坡是指大量岩石和土壤沿着一个滑动面向下整体滑动。深层滑坡，例如旋转滑坡，涉及沿深层断裂面移动的大块完整的岩土体。浅层滑坡，是指表层物质顺着岩石层下滑。滑坡后，滑坡壁在山坡上会形成陡坎。

高地河流

高地处的湍急河流在洪水时期最具侵蚀性，此时这些河流因大雨、融雪或冰川融水而涨满，可以携带更多的碎屑物。

正如我们在前几页中看到的那样，许多山地和高地特征的形成，可以归因于水在重力影响下沿着最简单和最快速的路径下坡而行。即使是由冰川雕刻的巨大山谷甚至冰川本身也以溪流和河流的形式开始。河流侵蚀的影响取决于水流下坡的速度和流量。

让它流动

那些没被蒸发的雨水或融化的冰雪会从山坡流下并渗入地下。这些溪流在山顶开始时流速很高，但流量很小。水携带着岩石和土壤碎片，一起塑造了高地景观。然而，大多数碎屑物被运输和侵蚀发生在短时间的强降雨或冰融化期间，此时大量的水流下山，携带大量碎屑物。在一些地方，地表水流动与地下水汇合——水流先从山谷较高处渗入岩石，再经由泉水或地下涌出的小溪汇入地表溪流和河流。

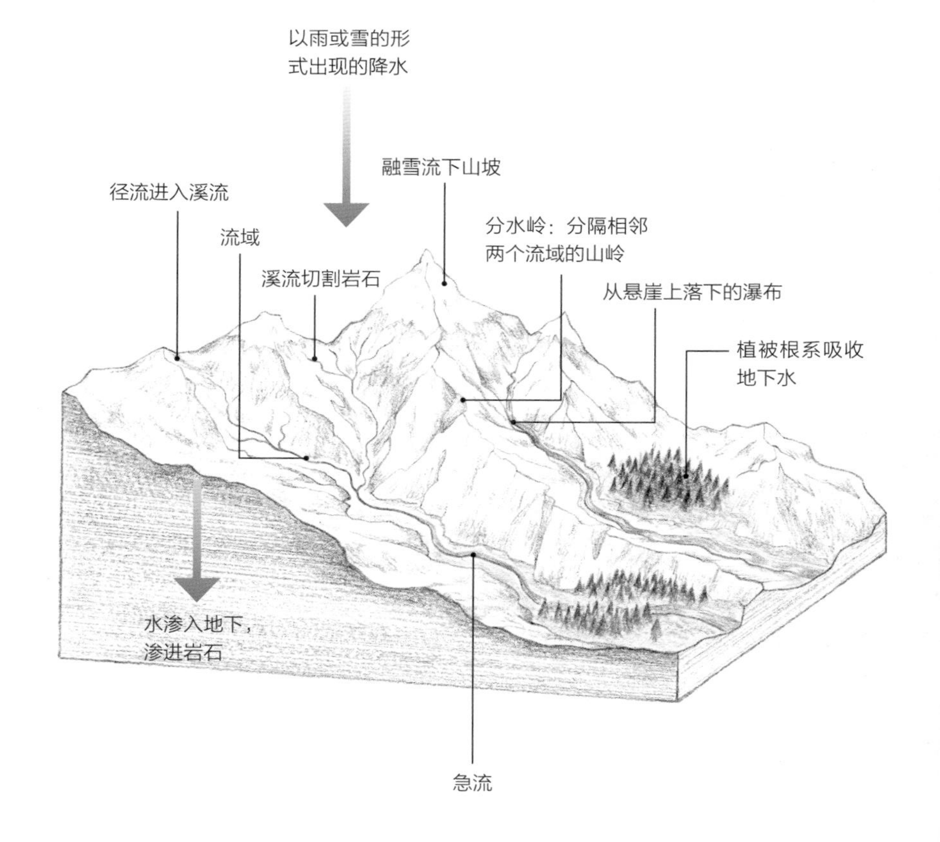

莱克兰河流

坎布里亚郡湖区的地图显示，大部分河道及其山谷以放射状远离该地区的中心。这是由于地下大型火成岩侵入使该地区隆升而造成的。

观察高地上河流的形态，可以知晓很多高地景观形成的信息。如果您查看地图上河流的分布和流向，您会发现它们遵循地面的轮廓，而这些轮廓主要是由河流的侵蚀作用造成的。然而，河流的路径也由地貌的地质和历史决定，由此我们能够知晓下伏岩石的硬度和地貌是如何形成的。

树枝状

这可能是最常见的河流水系格局，河流及其支流以树枝状形式相互交汇。这发生在具有相同抗侵蚀能力的下伏岩石的区域。其中一个例子是在英国的达特穆尔。

放射状

当溪流和河流是从中心向外辐射时，这表明下伏地面已被抬升成穹隆状。

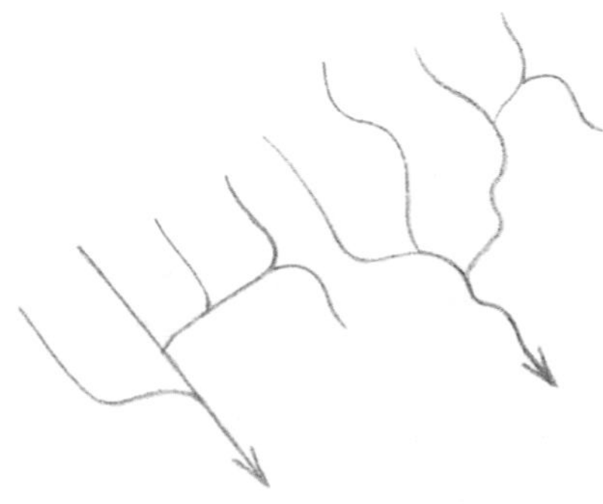

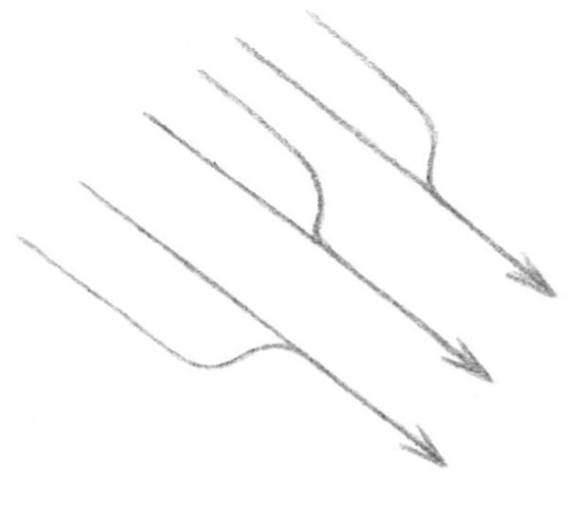

网格状

这种水系的支流与主流呈直角相交，导致水系出现网格状。这种水系的形成很大程度上是因为褶皱构造和断裂构造的影响，比如呈网格状交错的断层，或者是在某些水平岩层中会自然出现网格状的裂隙，河流也会沿着裂隙流动，从而呈网格状。

平行状

该区域的河流平行流动，其间隔着平行的山谷和山岭。它们主要受到构造和山岭走向的控制，比如在具有平行断层的地区，在中国，横断山脉中的水系就是典型的平行水系。

山间溪流

这是英国湖区的一条山间小溪。涓涓细流在山坡上切割出一条狭窄的V形沟壑。请注意岩石和泥土是如何在溪流源头附近的小山体滑坡中破碎的，这就是所谓的溯源侵蚀，可能是在连续暴雨期间发生的。小石头和巨石阻碍了山坡上的面流向溪流汇集，在面流侵蚀下，山坡上的岩石破碎开来。

山间溪流位于山脉和丘陵的顶部附近，通常是下游更大的河流的源头，这些溪流通常很小并且不引人注目。它们非常小，大多数时候无法将大块岩石或碎屑带下山坡。但在强降雨或春季山顶冰川、冰雪融化时情况会发生变化，导致山间骤然发生大洪水，对岩石或碎石具有更大侵蚀力。

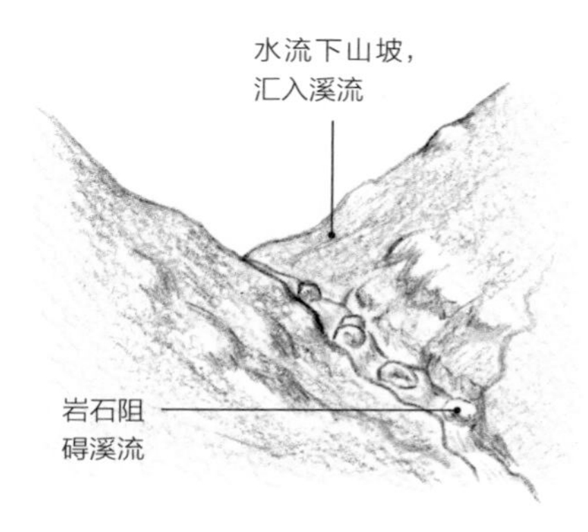

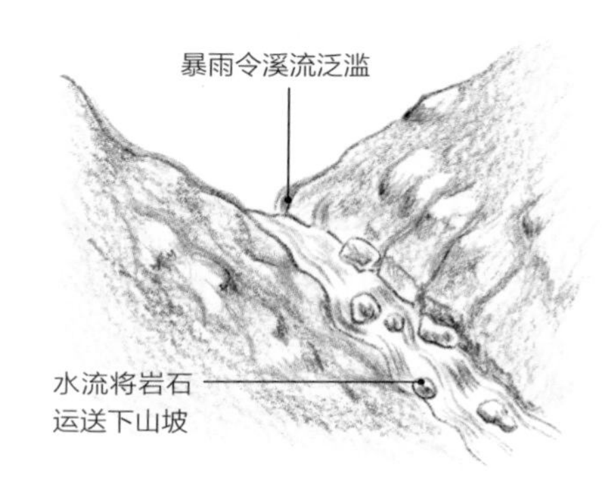

细小的源头

雨水从陡峭的山坡流下或渗入地下成为泉水。小而缓慢流动的溪流无法运送岩石大碎屑，并且侵蚀力很小。

洪水时期

在暴雨期间，或在山腰冰川、雪和冰融化的春天，大量的水突然浸透地面，顺着溪流从山坡上流下。

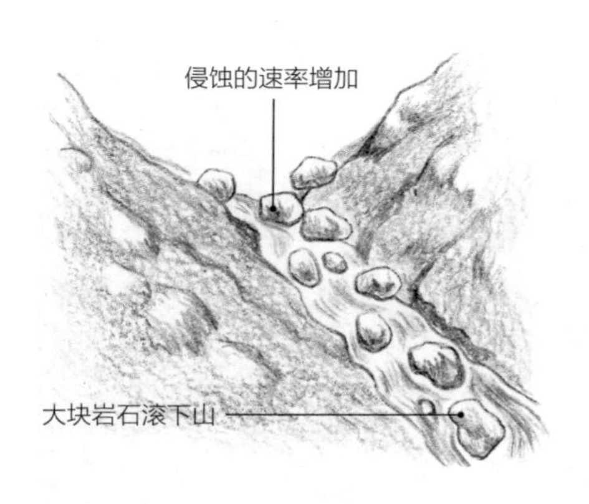

感受这力量

正是在这些洪水期间，山间溪流突然加快速度和加大力度，将更大的岩石碎片从陡峭的山坡上冲下，同时使大量的岩石破碎。

下游

在山谷下方，各路溪流汇合，合流形成更大的高地河流，其河床更宽更深，能够运输更多的物质。

高地 • V 形高地山谷

谷之 V 形

经过多年的向下侵蚀，高地山谷已被切割成独特的 V 形。这个过程主要发生在洪水时期。

巨石被洪水冲下山，由此形成 V 形高地山谷。再往下走，岩石碎片会在高地溪流和河流中堆积，它们通常都会减缓河水的流动，在山坡上形成蜿蜒的河道。当突然而猛烈的水流增加了河流的能量，增强了其携带沉重岩石的能力时，情况就会发生变化，这些河流在高地上切割出 V 形山谷，这些山谷通常在称为山嘴的交错土丘之间蜿蜒。

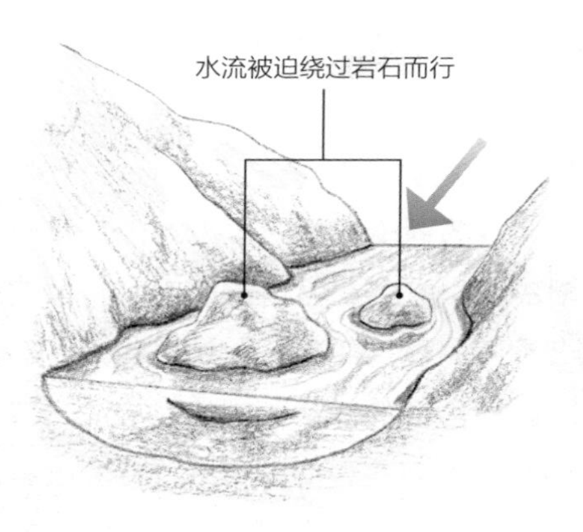

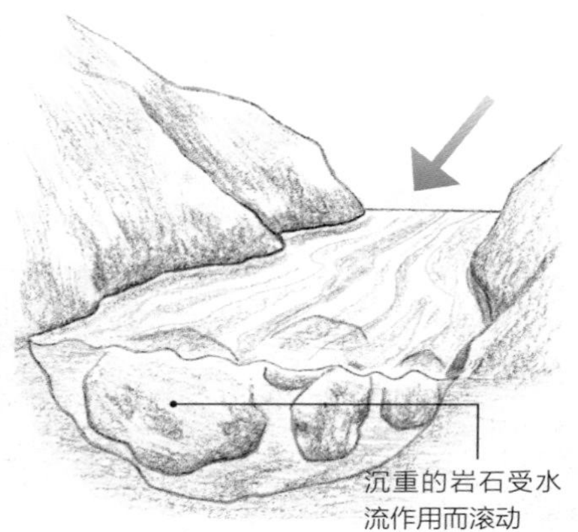

减缓水流

在洪水或山崩时沿着溪流从山腰滚落的大石块落在了河底，阻碍河流的流动，削弱河流的能量。

下切

然而，在洪水期间，水的速度和质量能够携带更大的巨石，使它们滚动和弹跳到下游，产生向下切割作用，形成一个 V 形山谷。

跃入水中

强降雨可能导致形成山谷两侧的泥土和岩石坠落。在更能抵抗侵蚀但也具有渗透性的岩石存在的地方，例如主要由石灰岩构成的地方，河流可能会切割出陡峭的山谷。

蜿蜒而行

河流的流动和碎屑的堆积导致曲流，形成蜿蜒曲折的高地河道，水流穿过交错的山峰。

河流在 V 形山谷中蜿蜒穿行，很少沿直线流淌。曲流是如何开始形成的尚不清楚，但人们认为它们是由水流的自然流动引起的。当河流泛滥时，快速流动的漩涡水会卷起碎屑，依次侵蚀浅层的、流速较慢的区域（称为浅滩）和较深的、快速流动的区域，并逐渐形成规则的弯道。

曲流

这条山间溪流中的岩石因水流作用已沉积在溪流的凸岸侧。在碎屑多的地方，水面较浅，水流与碎石摩擦而变成湍流，而深潭处水面更平坦、更光滑。

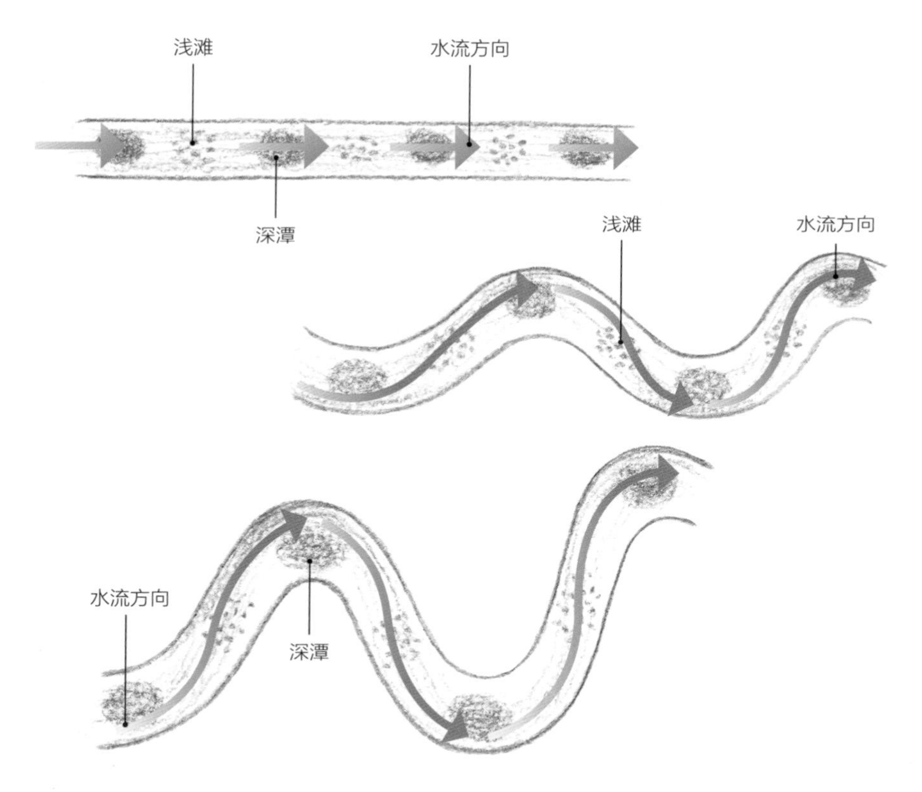

弯道环流

在河流的弯道部位，最大流速更偏向于凹岸（深潭处），这时水流涌向凹岸，不但导致最大流速点偏向凹岸，而且使得凹岸水面抬高，凸岸则水面降低。这种高差又会导致河流在横向上产生水流的流动——水流从凹岸向凸岸流动。如果我们在河流前进方向的垂向处取一个截面的话，就会发现河流像一根打着转向前进的钻头。也就是说，河水是螺旋式转向朝前流动的，这就是所谓的环流。在环流的影响下，河水在凹岸从水面向下运动，将凹岸物质侵蚀掉，同时会携带着在凹岸侵蚀下来的物质向凸岸流动，在这里水流从河床底部向表层流动，其流速也会逐渐减弱，这时它携带的物质就会逐渐沉淀下来，让凸岸更凸。这个过程叫做河流的侧蚀作用。

在洪水泛滥时，河流的流速加快，它们能够携带大量碎屑，包括岩石、砾石、沙子和沉积物。这些碎屑会沉淀并塑造地貌。随着洪水的消退，河流不再能够运送这些碎屑，故而碎屑沉积成心滩，并在一定程度上阻碍了河流的流动。这就产生了所谓的辫状溪流或河流，它们围绕在沉积物所形成的心滩周围。这种地貌常见于高地谷底。

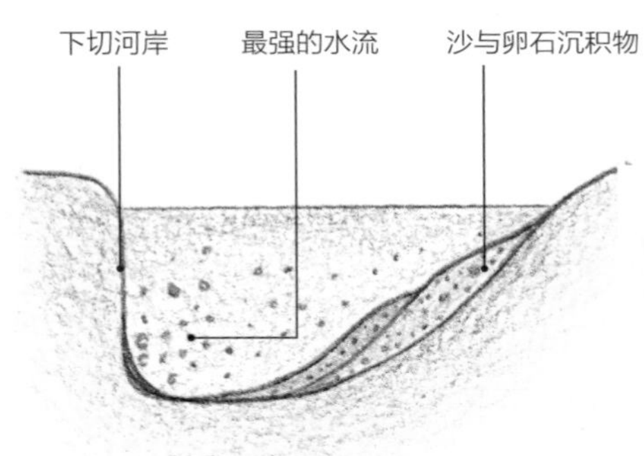

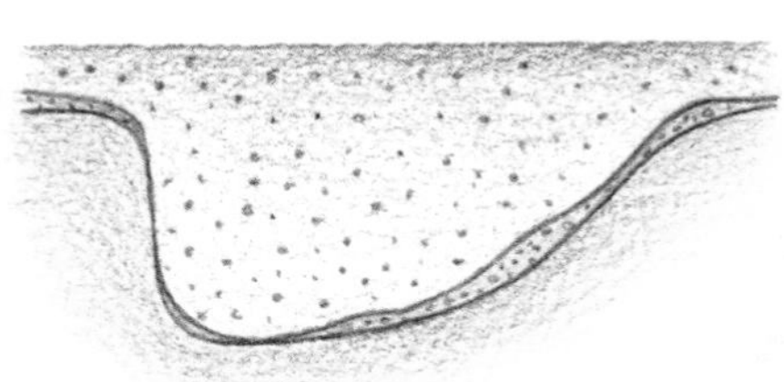

河岸

随着曲流的形成，包括鹅卵石、砾石和更细小的沉积物在内的碎屑堆积在河流凸岸及河流交汇处。

洪水

在洪水期间，当大雨或冰川融化产生大量的水时，碎片会被抬升并散布在山谷中或被带到下游。

心滩

冰岛河流中的这个砾石岛是由上游冰雪融化形成的洪水冲击沉积而成的。随着水位消退，河流沿着岛屿两侧形成的两条新河道流动。接下来会有另一场洪水来为其添砖加瓦，直到其长大变成江心洲。

辫状河流

洪水携带的大量碎屑会堆积在堤岸上，阻塞水流，将河流分流成多条河流或辫状河流。

江心洲

随着洪水退去，河流流速降低，碎屑再次沉积在心滩或江心洲，迫使水流从它们周围绕行流动。

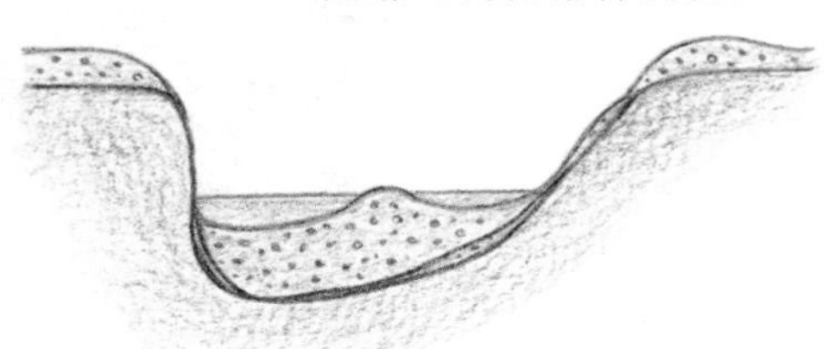

当水流经过下面基岩中的“台阶”时，就会形成瀑布。这个“台阶”的形成，可能是由于构造张力导致岩石中的节理打开、岩石崩落而造成下陷，或者是冰川切入山谷一侧形成悬谷。然而，最常见的瀑布形式是当水流经软硬相间的岩层时，它会更快地侵蚀掉较软的岩石，形成一个加深的陡坎。海平面下降也会增加水向下流动的力量，导致岩石被水侵蚀的程度更深，即所谓的河流回春。

力之流

英格兰东北部达勒姆郡的“高瀑布”展示了瀑布切割岩石的能力。上层岩石具有垂直的节理，是坚硬的韦恩岩床岩石，而下层的水平层理是较软的沉积岩，被瀑布向下、向深处切穿。

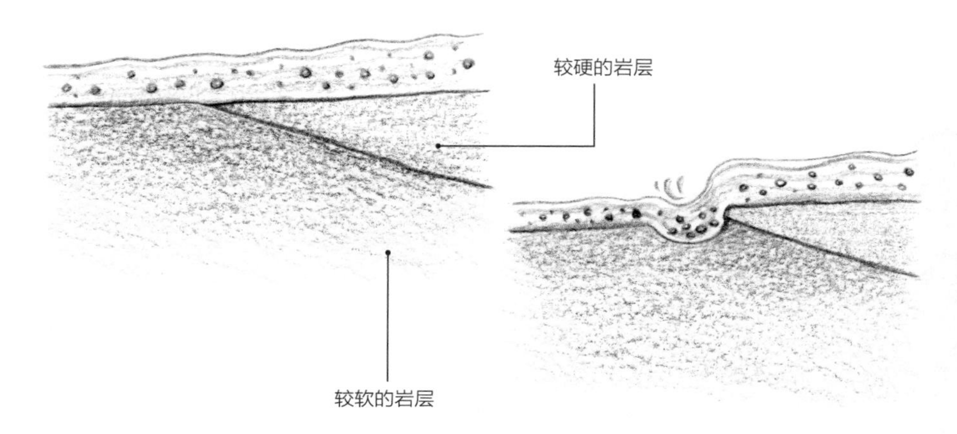

硬与软

当河流流动时，它会流过不同硬度的岩石。在某些时候，水会从坚硬的岩石流向较软的岩石。河水中携带的碎片侵蚀较软的岩石，由此形成陡坎。

下陷

侵蚀逐渐深入软岩，形成了从硬岩到较低层的更大的陡坎。这增加了水中的湍流，河水冲刷形成台阶脚下的一个洼地。

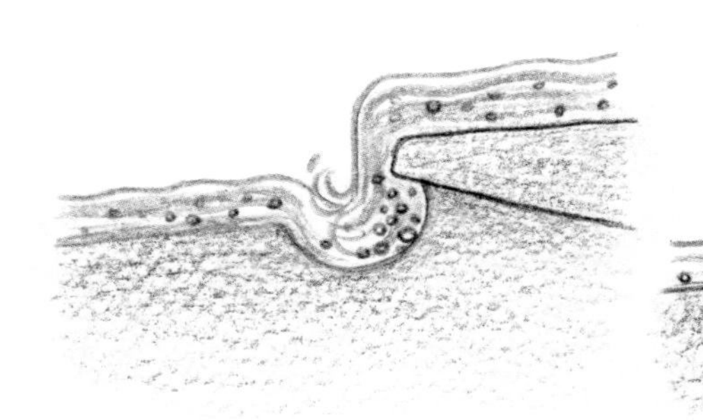

跌水

瀑布切割出一个巨大的凹痕，称为跌水潭，它捕获并搅动碎片，掏蚀瀑布陡坎下方的软岩石。

后退

逐渐地，陡坎下方被掏空得越来越大，在重力作用下，突起的陡坎断裂并落入河中。这个反复的过程使瀑布不断加深，并向上游后退。

急流与瀑布的不同之处在于，急流是一段快速流动的湍流水，而不是一个单一的、巨大的、有落差的水流。它们形成于河床坡度逐步增加、河道变窄或有大石块等多重障碍物沿河床排列的地方。这些因素中的每一个都会增加水的流速形成湍流，从而增加其侵蚀力，因为水会搅动岩石颗粒并将它们撞击在障碍物、河床和邻近的河岸上。

湍流

加拿大不列颠哥伦比亚省幽鹤国家公园的急流由高山冰川融化的水流淌而来。急流形成的湍流在河道中雕刻出陡坎，水流在此如同小瀑布。

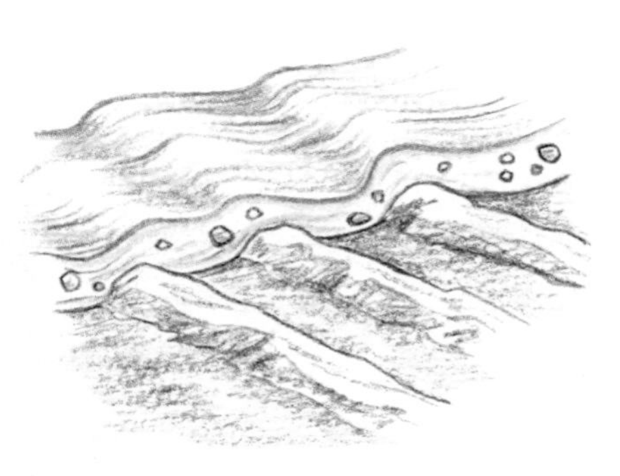

陡坎

与瀑布一样，一些急流所在的河道是由侵蚀作用形成的。在组成河床的岩石中，在坚硬的岩石层与较软的岩石层交替出现的地方，侵蚀力向下切割出一系列陡坎。这扰乱了水的流动。

隘口

有时，大而耐蚀的岩石露头会在水流试图经过较窄的间隙区域时阻碍水流、限制水流并产生极度湍流的区域。

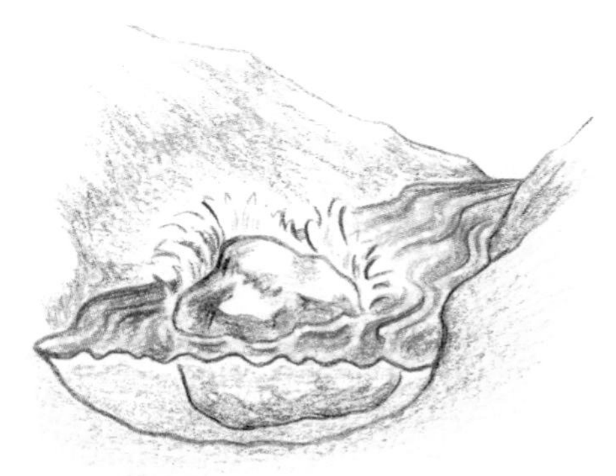

漂砾

一些大漂砾，可能是多年前冰川运动留下的，因太重而无法被水流或洪水移动，也会阻碍水流，产生湍流。

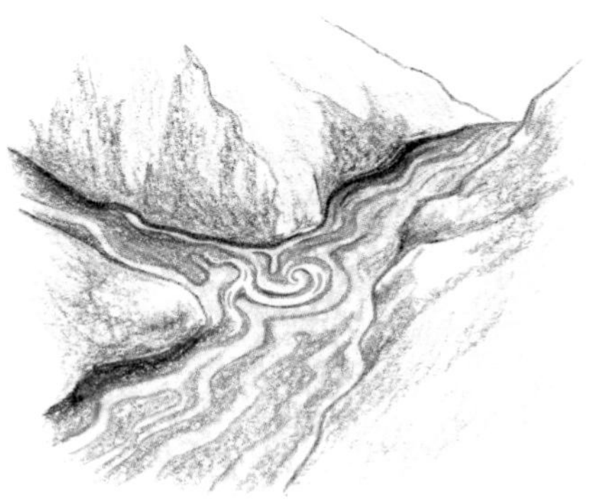

两河汇流

当一条快速流动的主流与一条快速流动的支流汇合时，也会产生急流，特别是在洪水时期，水流量和流速的增加导致河床因被严重侵蚀而变得更加陡峭。

非常狭窄、陡峭的山谷称为峡谷。峡谷两侧的岩石坚硬且耐侵蚀，所以流水携带的碎片对周围岩石的破坏程度有限，那么侵蚀力直接集中在水流的下方和流动方向上的河床。峡谷可以由洪水和瀑布的侵蚀或地下隧道的坍塌形成。

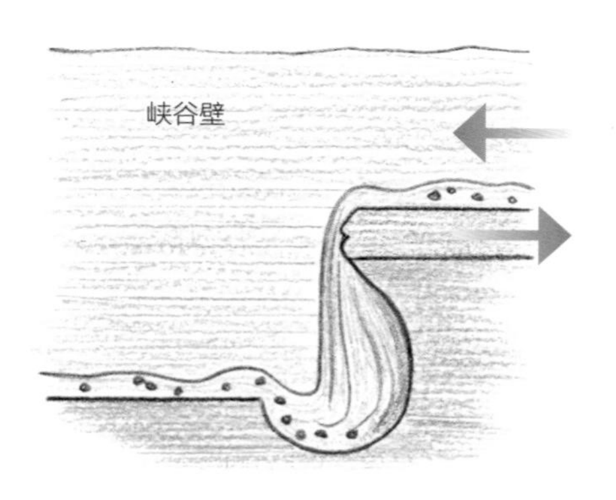

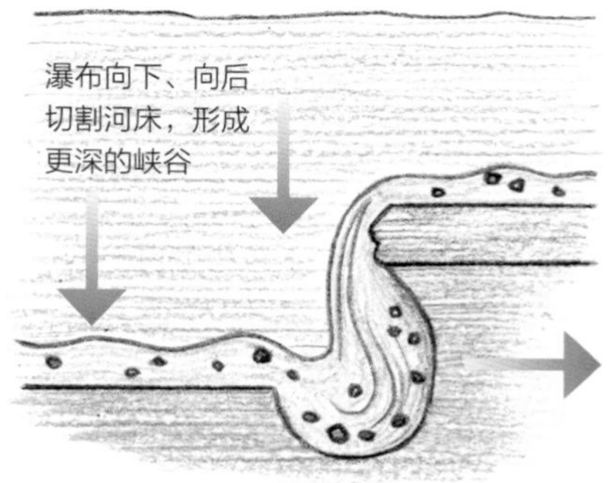

从瀑布到峡谷

正如我们所见，瀑布的形成是一个连续的过程。悬浮在水中的碎片侵蚀着岩石，降低了水的落差，同时也一直在向后侵蚀河床其他的岩石。湍流水的主要力量集中在落水点下方的跌水潭中，并在跌水潭的后壁上，逐渐向下和向后切割出一个通道，形成一个很深的峡谷。

割石成谷

这条峡谷为美国科罗拉多河提供水源，岩石被快速流动的水所切割，当时的洪水的水位远高于图中此处显示的水位，水能够携带较大的岩石和碎屑向下游切穿岩石、切割河道。

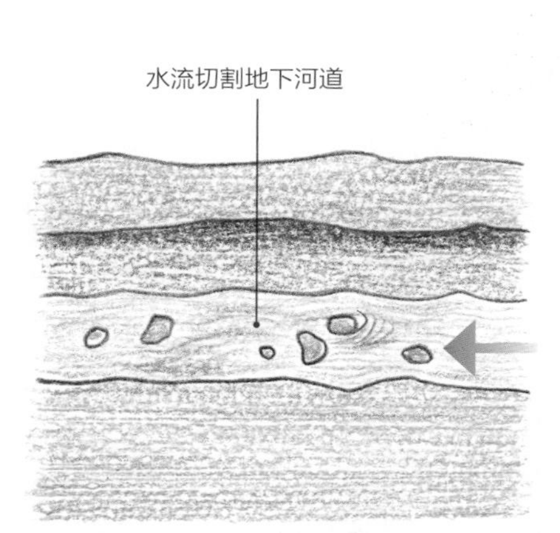

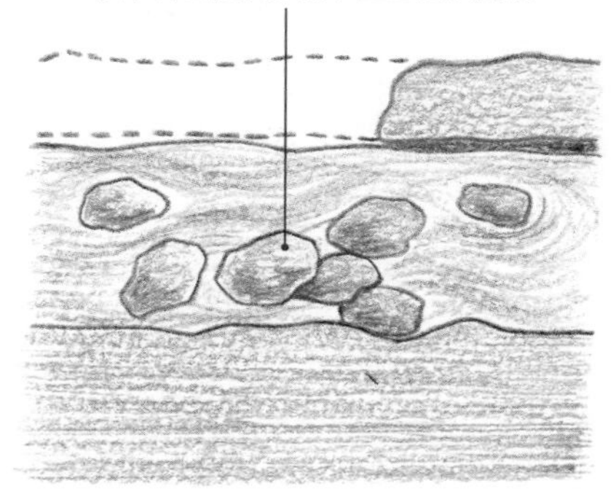

顶部崩落时

在岩石较软或可渗透的地方，例如石灰岩，水会渗入地下，从下面侵蚀岩石，形成溶洞，直到岩石顶部较弱处坍塌，形成一个可见的峡谷。

峡谷中的岩石大部分是在突发性洪水期间受到损坏的，当大雨或上游的冰雪融化释放出大量水时，水流向下游冲去，将巨石和碎石砸向峡谷中的岩石。

壶穴是高地急流、溪流和瀑布带来的独特地貌。这些壶穴大多是圆形的，您可以在坚固的岩石或水流过的不动的巨石上找到它们。它们看起来好像是由人工制作的，但雕刻和抛光这些凹槽最有效的过程是水蚀。壶穴的尺寸从高尔夫球的大小到卡车的大小不等。

水坑

这个壶穴的边缘已经被流水及其所携带的碎石打磨光了。

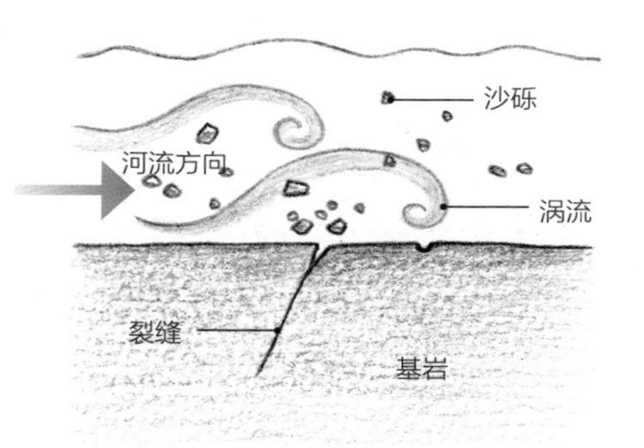

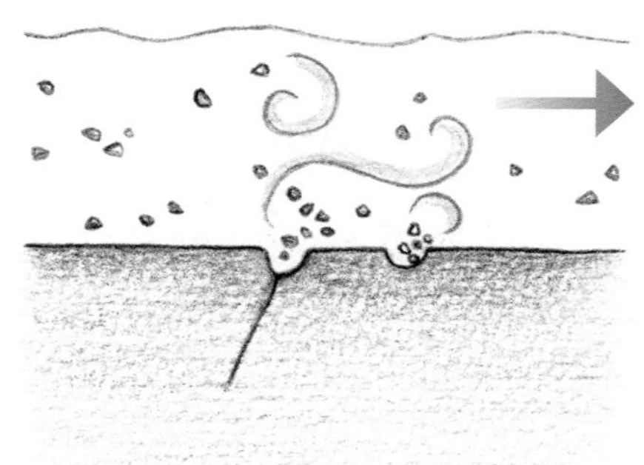

裂缝

壶穴的形成方式与瀑布中更大的跌水潭类似。当水流过河床时，它会在岩石的裂缝或薄弱点上旋转。

涡流

流水中的这些湍急的涡流使沙砾在裂缝上旋转撞击，松动裂缝中的碎片，最终使裂缝破裂。

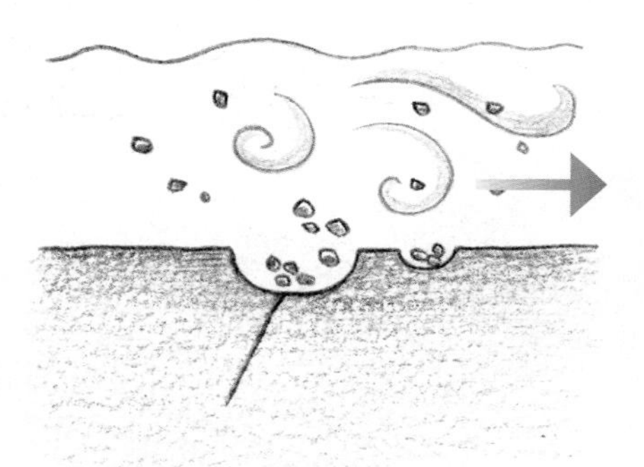

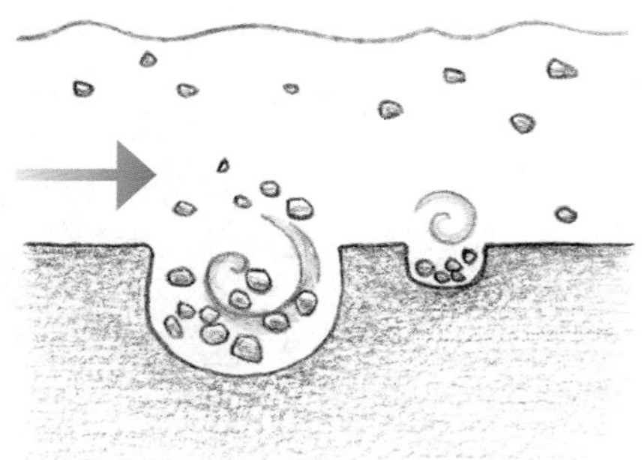

挖空

沙砾被困在裂缝破裂所形成的洞里。洞内旋涡水的运动使这些石头与河床上的岩石摩擦。

扫尾

这些沙砾的作用就像抛光石一样使壶穴边缘变得光滑和圆润。在这样形成的壶穴内，经常可以发现圆形的沙砾。

圆锥状的碎屑堆积被称为洪积扇，是由水流携带碎屑在陡峭的山丘和山脉的底部沉积而成。它们主要出现在干旱或寒冷的高地，那里的水流不规律且少见。在这些地区，当降雨或冰川的融水流下山时，会产生洪水，将这些碎屑沉积在山谷底部。

散开的水流

北极圈内斯匹次卑尔根岛上的这堆由淤泥、砾石和其他细小碎片组成的洪积扇，其成因缘于冰川融水沿着山谷流下到达坡度更缓的山脚后，在那里沉积了水流携带的所有物质。锥体右侧底部的水流散开形成多个河道。

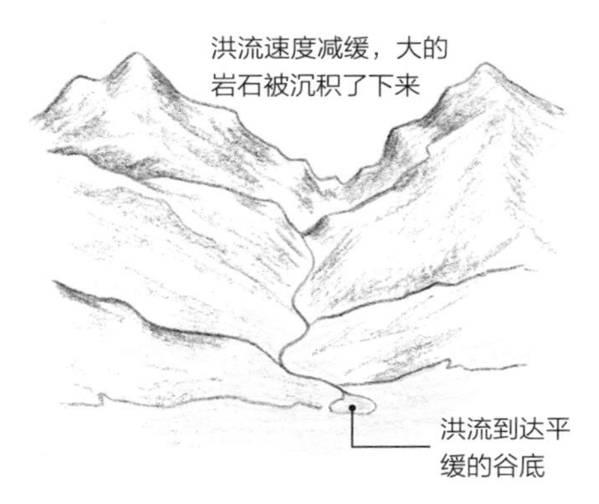

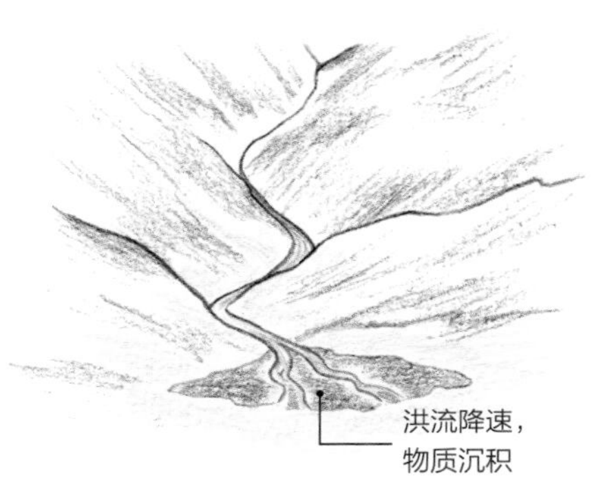

沉重的荷载

洪水从山腰将岩石和泥土颗粒带下山谷。随着河床的坡度越来越缓，它不再有能力携带大的岩石和石头。

下至山谷

洪水将沉积物带到谷底平坦的地方，在这里水流变慢。这些沉积物开始在山谷脚下的河道出口处沉积下来。

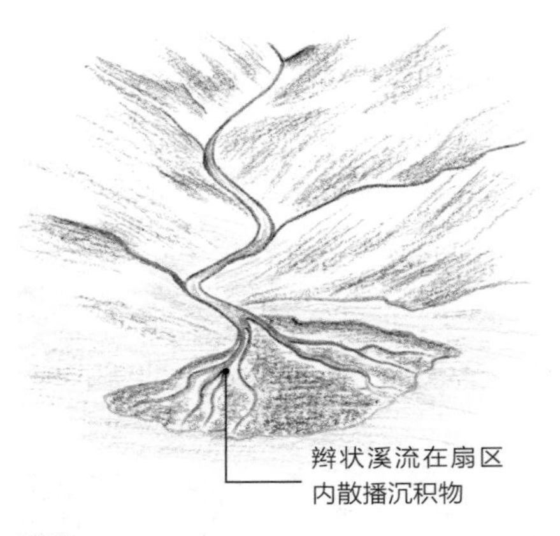

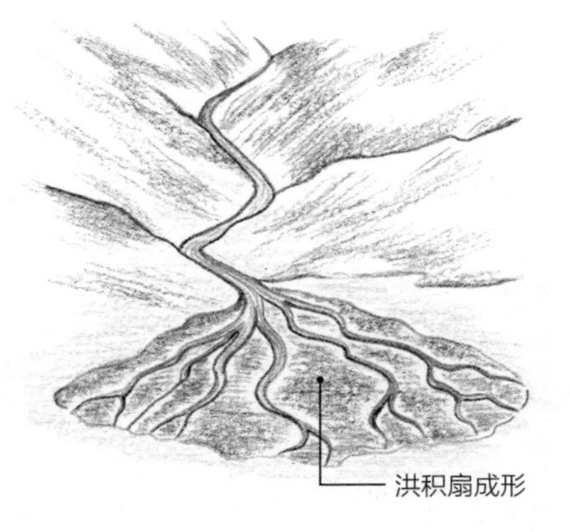

流出

由于坡度变得平坦，洪流分散成辫状溪流——多条小溪从谷底扇区流出。

结局

洪流将沉积物沉积成一大片扇形。大量细小碎屑从山的上游流入山谷，就这样经年累月，堆积成一处洪积扇。

冰川的标志

瑞士阿尔卑斯山的加尔申山谷是典型的冰川山谷，谷底宽阔平坦，两侧呈 U 形上升。

许多经历过寒冷气候的地区地貌都是在冰的巨大力量作用下形成的。冰川是由每年寒冷季节的积雪逐年堆积和压实形成的，在夏季也无法融化。雪首先聚集在山谷低处和高处，然后堆积并硬化成大块的冰，在重力的作用下非常缓慢地向山下流动，在山上切割形成巨大的裂缝。在大约 18000 年前的末次冰盛期，冰川覆盖了北欧、美洲和新西兰的大部分地区。

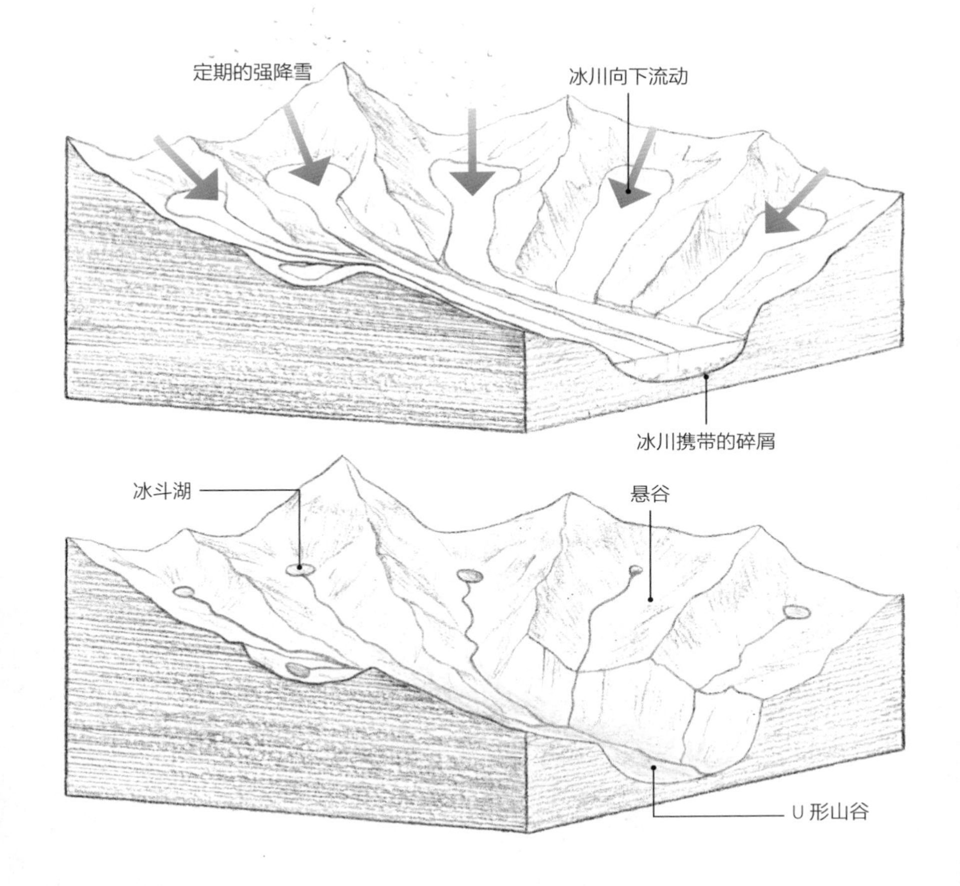

冰期和冰期之后

当逐年产生的雪量多于能够融化的雪量时，就形成了冰川。大量的雪产生的压力将其中的一部分雪融化，然后融水在压力较小的地方重新结冰结晶。冰晶逐渐变小并互相连接，变成便于移动的大小。表面的冰很脆，但下面的冰粒更具有可塑性和延展性。流动发生在冰晶内部，也发生在它们之间相互旋转或滑过时。受重力作用，大量的冰滑下山坡。冰川侵蚀岩石，在岩石上留下痕迹。此外，冰川不断融化，碎屑在融化处沉积下来，这形成了标志性的特征。

一个圆形的碗状盆地，坐落在山峰之间的山谷上方，通常被一个冰斗湖填满，是山谷冰川的发源地，也是侵蚀下方大部分山谷的主要水源地。冰川山谷顶部的这些凹陷被地质学家称为冰斗（cirques）（在威尔士称为 cwms，在苏格兰也称为 corries），冰斗位于雪线附近，算是比较低的地方，而冰窖才是发源地。

斯诺登冰斗

位于威尔士北部的斯诺登山山顶俯瞰着格拉斯林湖，该湖占据了一个由冰川雕刻而成的圆形盆地。湖的开阔一侧被一块未被冰川完全侵蚀的岩石挡住。

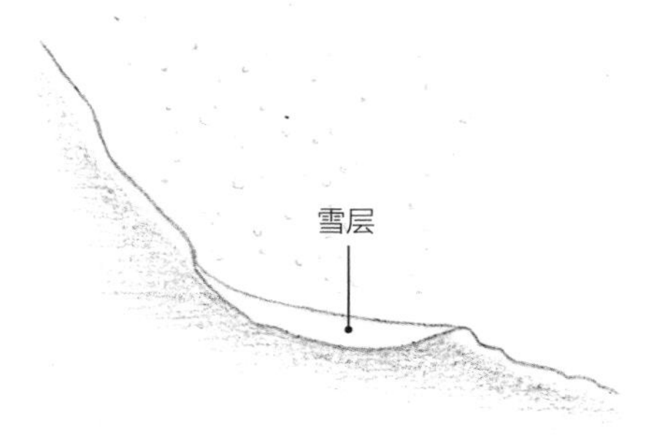

初雪

当大雪来临时，雪片首先聚集在先前被侵蚀的山谷中，特别是在雪线以上山脉的荫蔽处。雪层逐渐堆积和压缩。

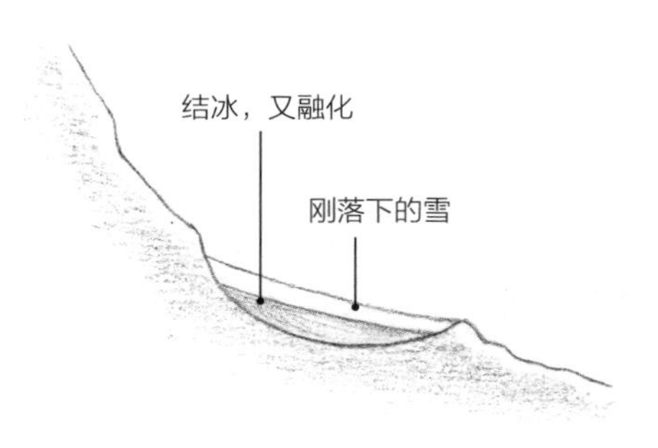

结冻与融化

一些冰在温暖时期融化，然后在气候再次变冷时重新冻结。融水和冰的膨胀与收缩导致岩石破裂，碎片落入冰中。

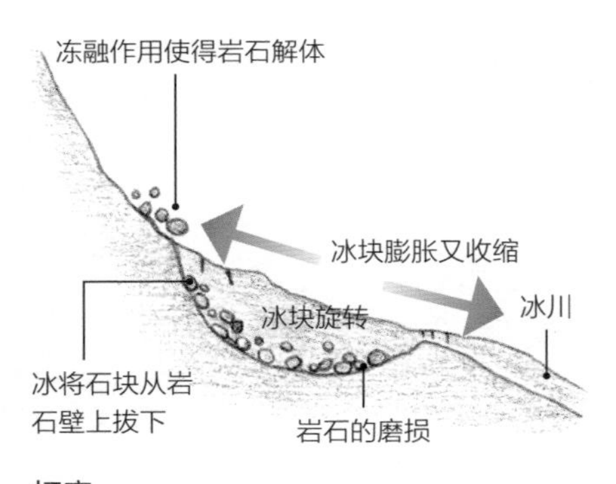

打磨

冰下分离的岩石碎片以及冰本身冻结和解冻的作用使冰旋转，包裹冰的岩石块在下层表面上摩擦，在岩石中形成一个挖空的碗状空间。

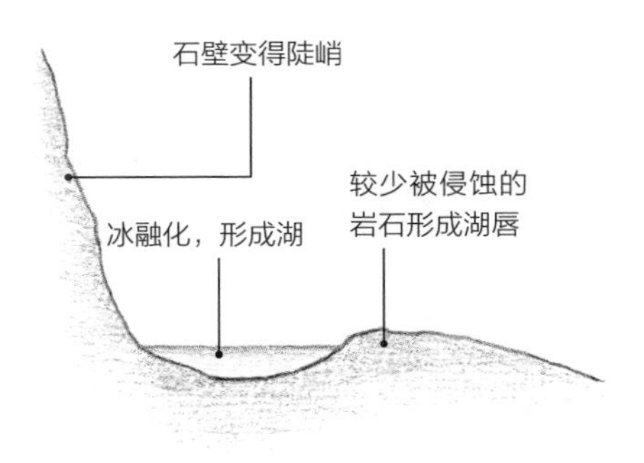

形成冰斗

冰最终消融。冰斗口部位的岩石的侵蚀作用减弱，于是此处形成了“湖唇”。冰在这个坑洼中融化，形成冰斗湖。冰斗的形成需要若干个冰期。

角峰

邻近的冰斗冰川可以雕刻山体岩石，将其“锐化”成刃脊。比如位于瑞士、意大利边界的马特宏峰的角峰。

一些最引人注目的山脉已经在冰川的作用下磨成我们今天看到的形状。这些沿着山顶的锋利、锯齿状山脊，以及具有三个或更多几乎垂直面的金字塔状山峰，它们的形成归因于山区积聚的大量冰。山峰之间通常有尖锐的山脊，被称为刃脊，英格兰北部湖区的斯特赖丁山脊就是一个例子。

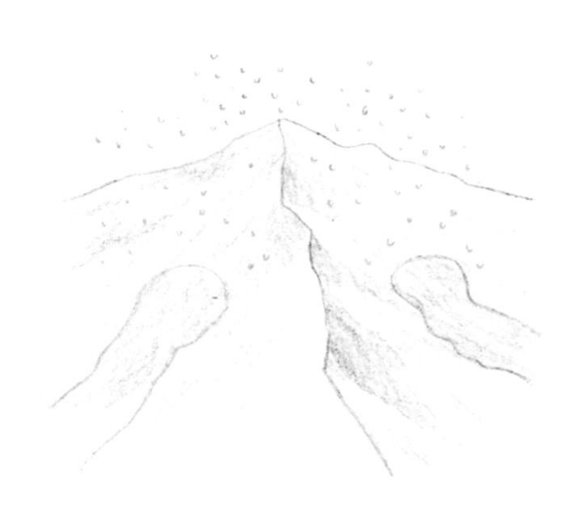

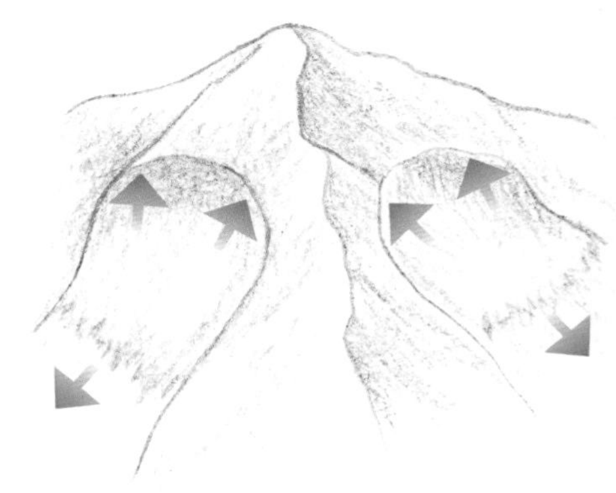

冰斗圈

雪在山顶聚集，在坑洼处结冰，逐渐积聚并把岩石侵蚀成圆形碗状空洞。有时，这些空洞中的几个会紧密地结合在一起。

冰川拔蚀

随着冰川的堆积，冻融化和磨蚀作用会破坏岩石并从岩石表面“拔出”碎片，向后加深和扩大空洞。

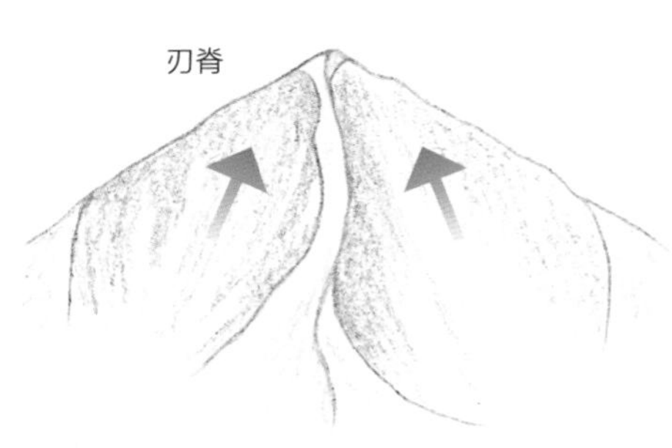

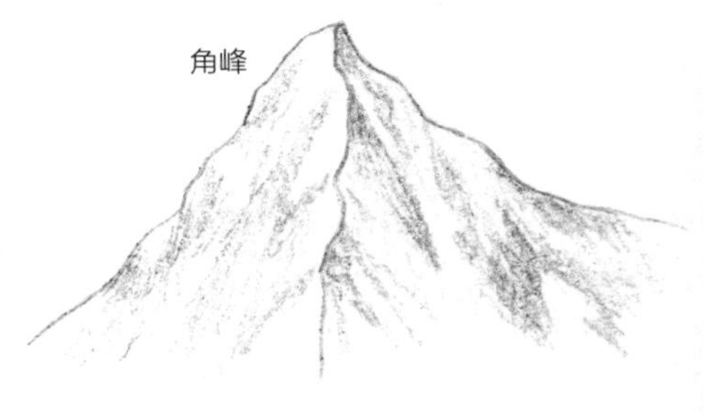

交汇

随着时间的推移，冰在山的一侧切割形成了陡峭的斜坡。相邻的山谷或冰斗的两座冰川交汇，它们沿着山脊制造出了一个锋利的山脊，被称为刃脊。

打磨角峰

在三个或更多冰川交汇的地方，它们会雕刻出金字塔状的山峰。这种山峰有着陡峭的、几乎垂直的侧面，所以称为角峰。一些著名的、有特色的山峰就是这样形成的。

由冰川形成的山谷从正面看通常具有独特的 U 形轮廓，这种 U 形就可清楚地表明该地区是在某个时期由冰川形成的。这些山谷有陡峭的侧面，平坦的底部，并且通常比单纯由水侵蚀形成的山谷更直。一条小溪或河流经常沿着山谷的中心蜿蜒而下，流过冰最终融化时沉积下来的岩石碎片。

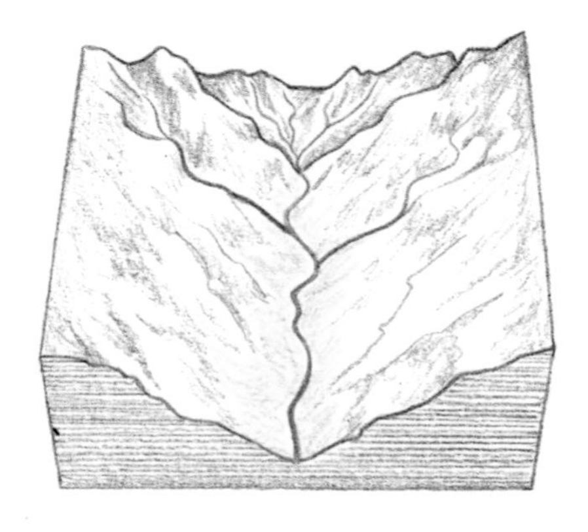

从 V 形到 U 形

所有冰川谷始自侵蚀谷。流水在山腰上慢慢地雕刻出一个 V 形的山谷。

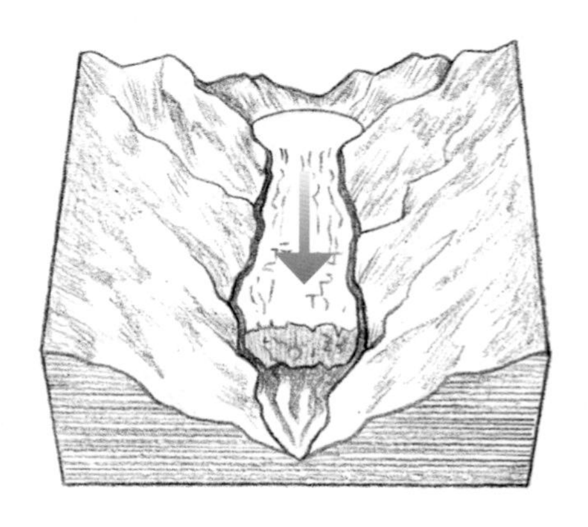

冰块流动

随着冰河时代的到来，大雪首先落在山谷顶部，逐渐形成大量冰川冰。冰块慢慢地往下流动。

深谷

美国约塞米蒂山谷陡峭的山坡呈 U 形，高耸于下方平坦的地面之上。在过去的两三百万年里，冰川多次侵蚀山谷。

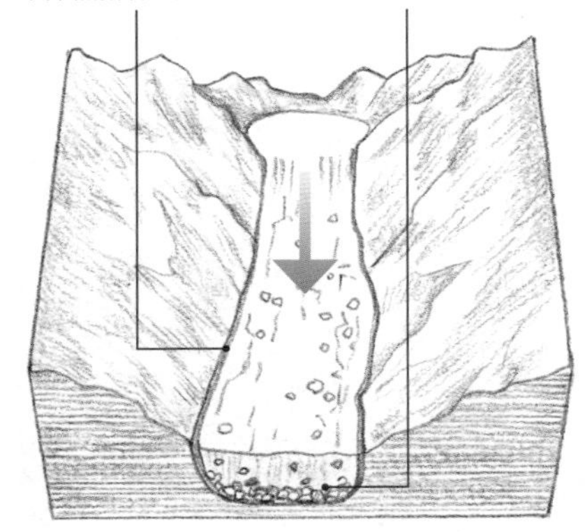

冲刷谷底

移动的冰从山腰裹挟着岩石并将其运下山谷。岩石块被困在冰中并刻划谷底和两侧。

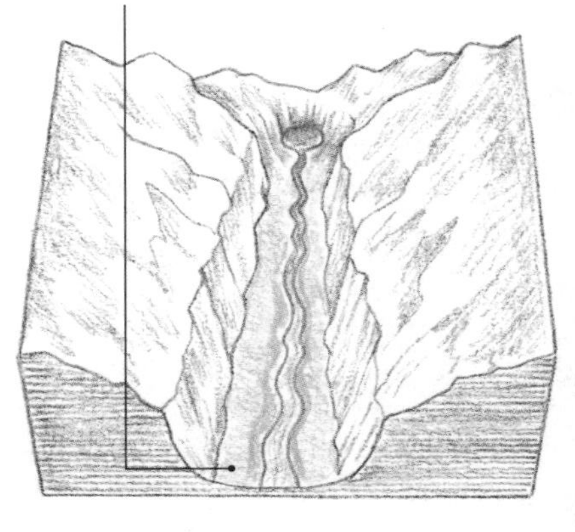

冰川槽谷

冰层消退，留下所谓的冰川槽谷，侧面陡峭，谷底平坦，从截面上看呈现明显的 U 形。

峡湾

挪威西北海岸壮观的盖朗厄尔峡湾是世界上游客最多的峡湾之一。冰川在岩石上切开了一个巨大的裂缝，形成了悬垂的山谷和瀑布。

在所有由冰川作用创造的地貌中，峡湾可能是最令人印象深刻的，它是向大海开放的巨大的、部分被淹没的山谷。这些巨大的海岸线的特征是高大而陡峭的侧面深入下方的水中。峡湾位于与大海交界的、曾经为冰川所覆盖的山区。可以在挪威和格陵兰岛的西海岸、北美的一些地区以及新西兰、南美地区见到峡湾地貌。

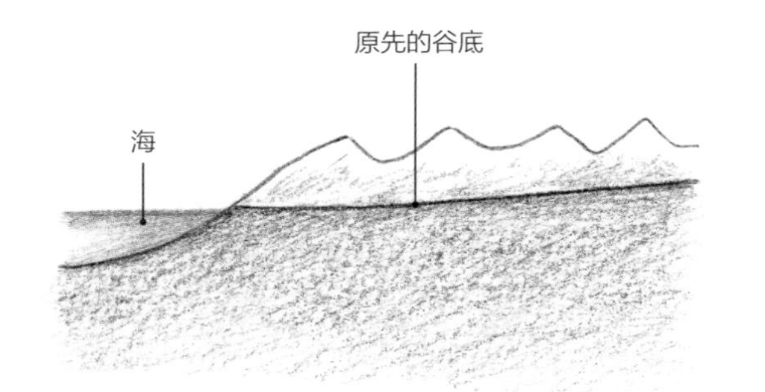

过量下蚀

冰川切入一个山谷，在一个被称为过量下蚀的过程中冰川达到最重，在融掉一部分之后再次上升到入海口。

冰川侵蚀

峡湾的形成方式与其他冰川山谷相同，特别之处在于靠近大海。冰川在冰河时期形成，海平面下降达 130 米左右。

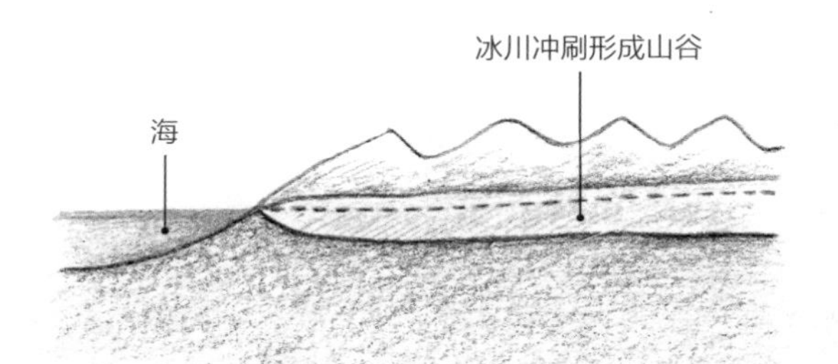

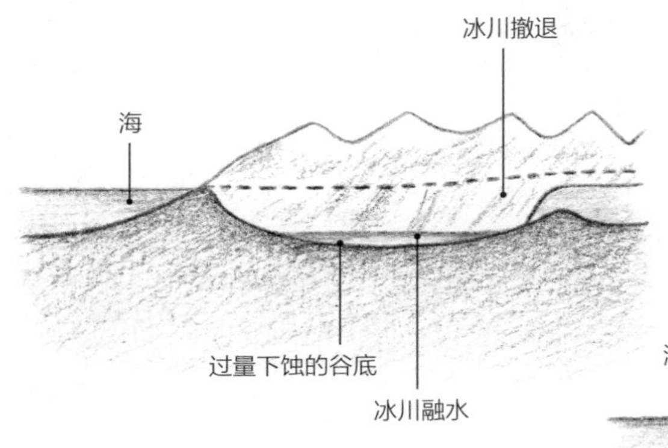

浅口

由于过量下蚀作用以及冰川搬运碎屑至此，峡湾的口部往往较浅。峡湾口也有沉积物。

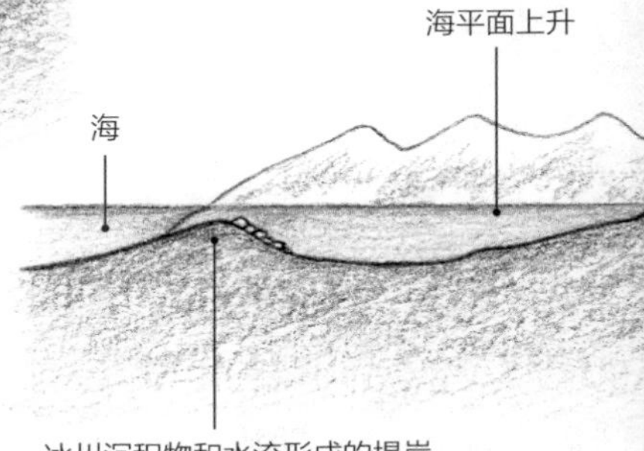

淹没

随后气温上升，结束了冰河时代，导致冰川融化，海平面上升，淹没山谷，形成峡湾。

悬谷

新娘面纱瀑布从悬谷倾泻到美国约塞米蒂国家公园的主冰川山谷中。悬谷两侧已被削掉，形成了陡峭的悬崖。

有些大型冰川侵蚀山谷的侧谷或支谷会高于主谷底。这些侧谷或支谷被称为悬谷，它是由比侧谷中的支流冰川较大的冰川切割得更为深远时形成的。通常伴随着悬谷出现的是截断的山脉，这是支流山谷之间的山脊被经过的冰川“切断”或缩短的地方。

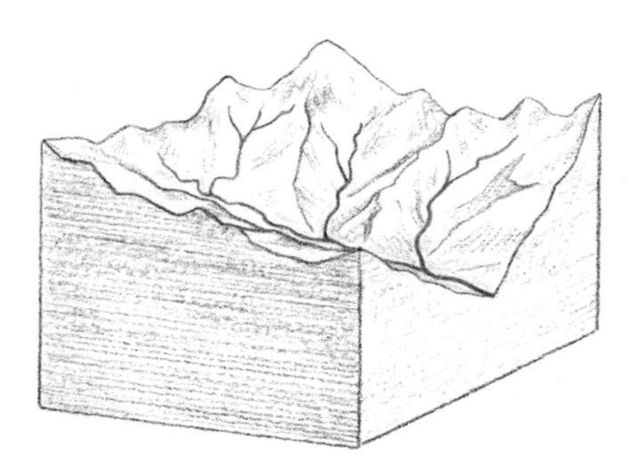

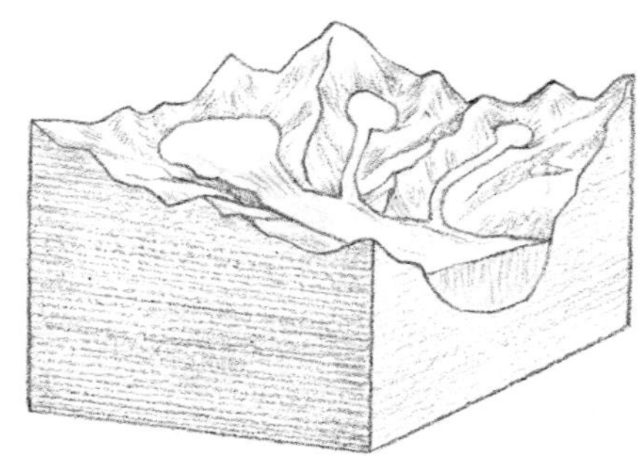

冰蚀

河谷及其支谷逐渐被水蚀形成。长时间的寒冷天气会使冰川沿着与河谷相同的路线流动。

更深、向下

随着时间的推移，由于更大的主冰川具有更大的侵蚀力，主谷比支谷被侵蚀得更深、更快。

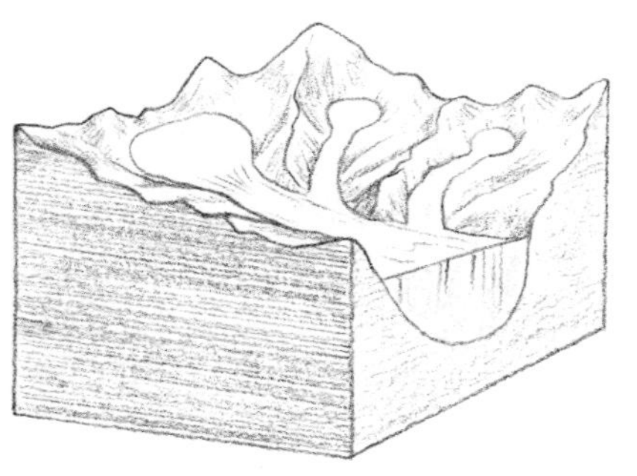

加深

随着时间的推移，冰川因持续降雪而变厚，主要山谷被进一步加深侵蚀。

瀑布

冰层消退，露出主山谷两侧的悬谷，其中的河道通常以瀑布落入下方山谷的形式结束。

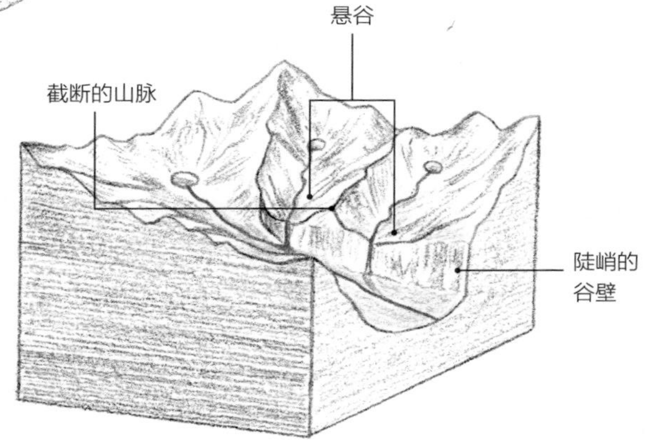

高地 • 被磨圆的和被切割的岩石

山谷中冰川侵蚀的另一个迹象是大块的岩石已经被磨圆变得平滑，并且常会显示出大的平行凹槽、条纹和裂缝，都朝着山谷的方向延伸。这些痕迹是由冰川在拖拽岩石块和砾石经过大岩石时切割而成。冰层在大型岩石露头上的移动也形成了被称为羊背石或羊形岩的特征，以及鼻山尾岩石露头。

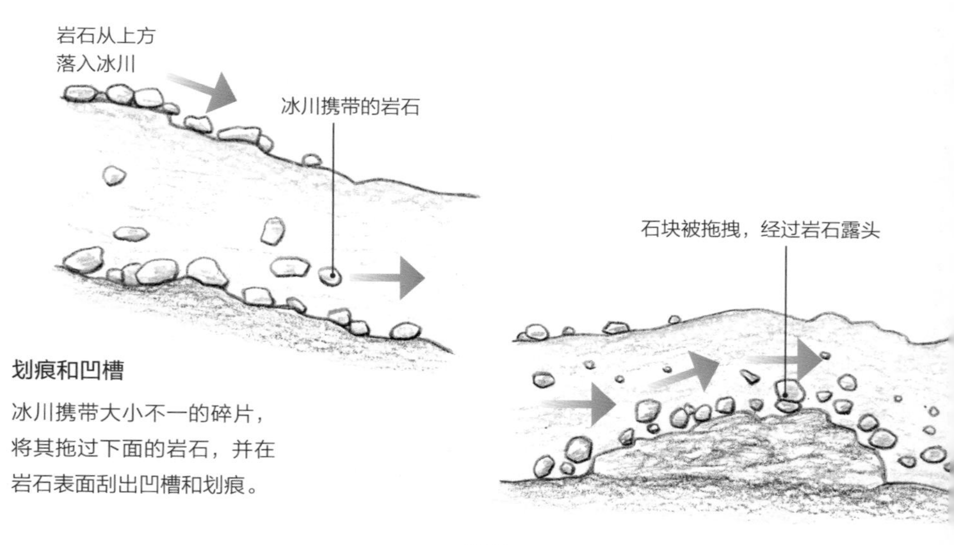

划痕和凹槽

冰川携带大小不一的碎片，将其拖过下面的岩石，并在岩石表面刮出凹槽和划痕。

抛光

在冰川底部遇到大而突出的岩石露头的地方，冰川会在面向流动方向的一面将它们打磨光滑。

光滑的石头

这块位于瑞士莫尔特拉奇冰川的大岩石被冰川拖拽的石头和冰磨成圆形。

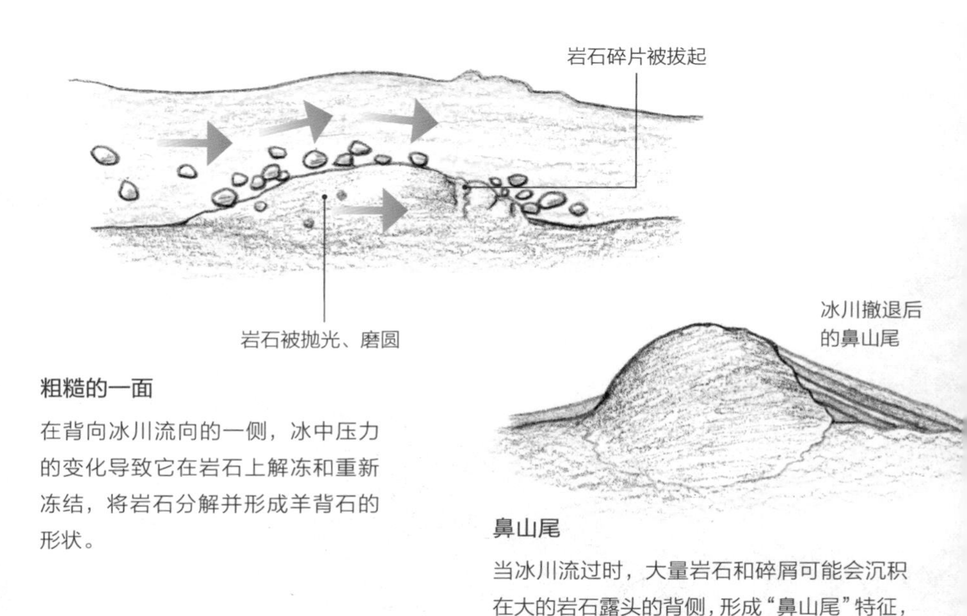

粗糙的一面

在背向冰川流向的一侧，冰中压力的变化导致它在岩石上解冻和重新冻结，将岩石分解并形成羊背石的形状。

鼻山尾

当冰川流过时，大量岩石和碎屑可能会沉积在大的岩石露头的背侧，形成“鼻山尾”特征，例如苏格兰爱丁堡的峭壁城堡。

岩石排列

如今我们在山谷里看到的一些大型土堤和土丘，曾经是冰川融化时留下的一排排岩石碎片和其他沉积物。它们最终被植被覆盖。

冰川在沿着山谷移动时，不断解冻和再冻结。随着冰的融化，冰川沉积了大量碎片，从大的岩石到细小物质如沙子和黏土，堆积呈条状、坡状或线状。这些成堆的碎片被称为冰碛，有时可能最初看起来像成列的岩石。然而，沉积物大小混杂，还包括许多土壤，所以草和植被能够生长于其上，看起来像排列在谷底的堤岸或土丘。

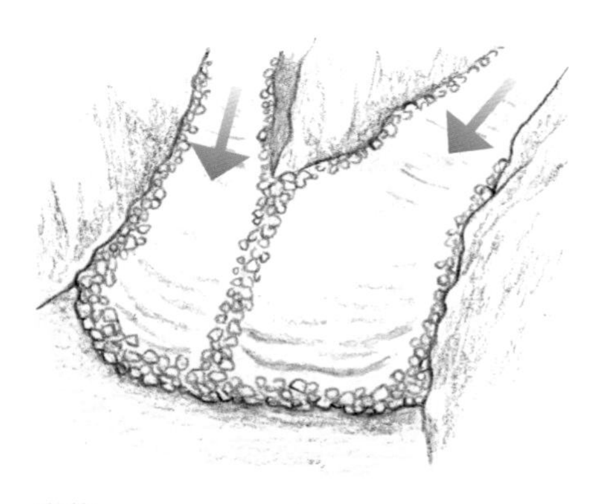

脱落

岩石碎片从山谷的两侧脱落或被冰川的拔蚀作用带走。这些碎片——包括从大块巨石到细小的沉积物的各种物质——被冰川携带着，沿着冰川的侧面、底部和中部向山谷下方堆积。

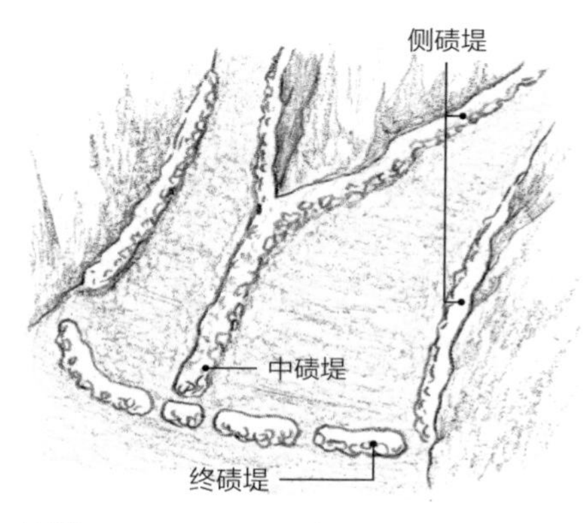

冰碛

当冰融化时，它就无法携带所有碎片。这时各种类型和大小的碎片呈坡状沉积在两侧（称为侧碛）、中间（中碛，两条冰川相遇的地方）和冰川停止的山谷中（终碛）。

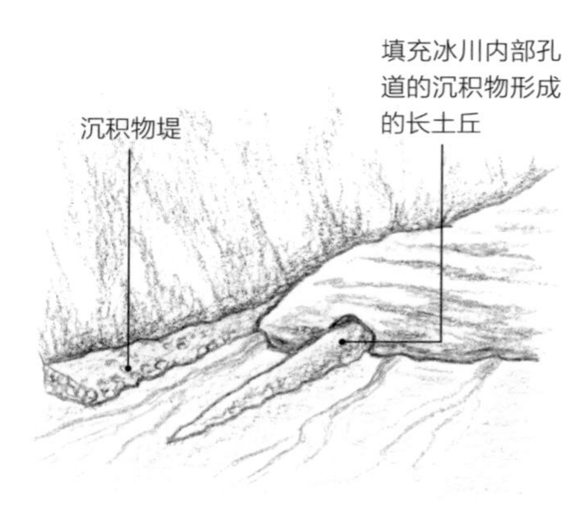

融水堤

随着冰川融化，溪流在冰川一侧和谷壁之间流动。当冰川消失时，溪流留下呈堤状堆积的物质。

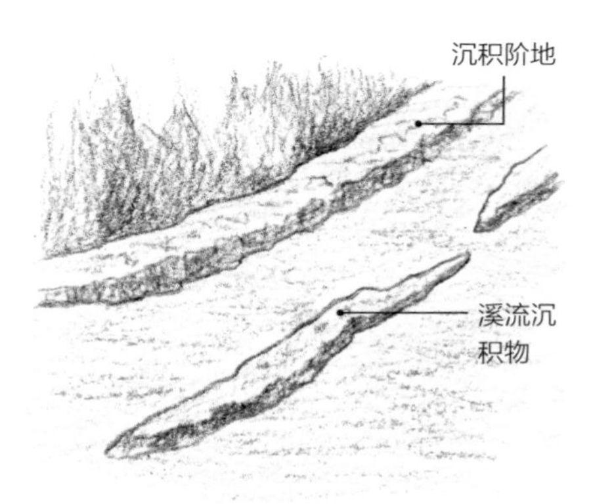

蛇形丘

其他的一些线形堤被称为蛇形丘，可以由流经冰川下隧道的溪流形成。当冰川融化时，堤仍然存在。

漂砾（右页照片）

威尔士斯诺登尼亚的一块巨石。一些巨石与其下方的岩石之间的明显差异导致它们被称为漂砾。

我们已经看到了由运动中的冰川运送的岩石碎片和碎屑是如何雕刻出山谷的。随着冰川融化，它开始倾倒它携带的一些物质——松散的岩石、漂砾和沉积物。一些大岩石和漂砾沉积在大地上，成为景观中的显著特征。不仅因为它们的大小，而且因为它们与其下方和周围的岩石类型不同，因此引人注目。请注意，由于永久冻土融化引起的土壤运动，许多大漂砾也会从山坡落到谷底。

岩石碎片

冰川融化后，水进入岩石的裂缝和薄弱点内部，然后又重新冻结，从岩石表面拔起石头碎片。随着大量冰块继续流动，它会将岩石撕裂。

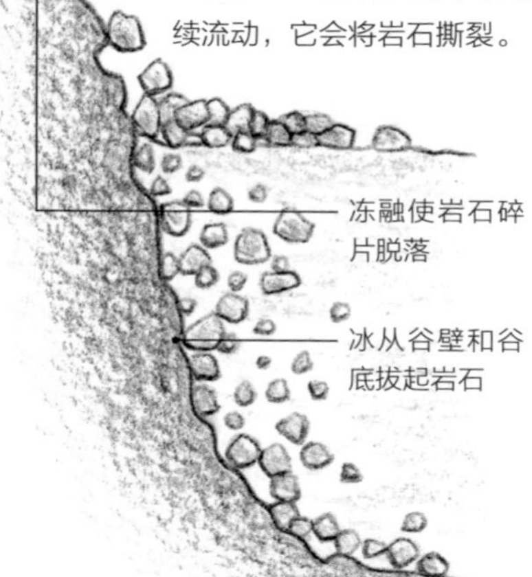

搬运

岩石也会从山坡上落到冰面上或进入冰川的裂缝中并被带走，有时会在冰融化和重新冻结时进一步落入冰内。

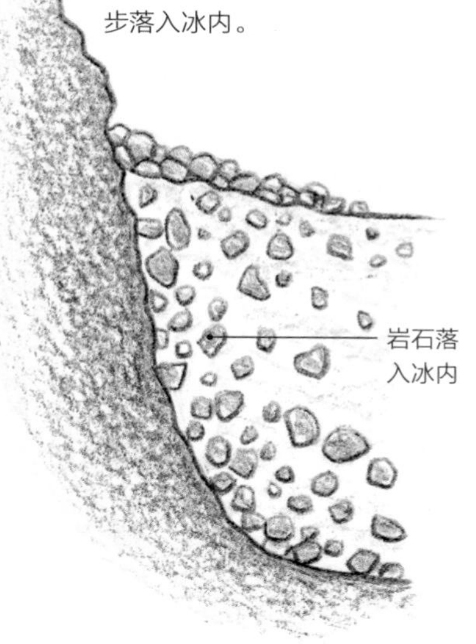

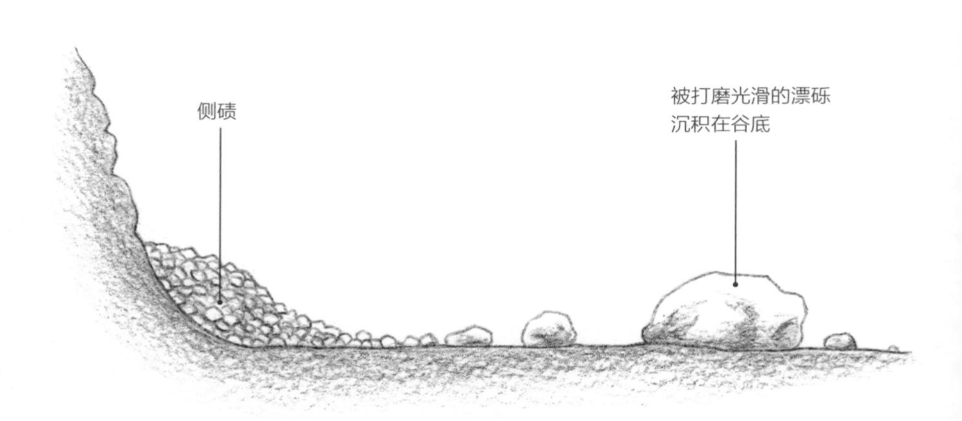

沉积的岩石

当冰融化时，它的强度会降低，因此就不能再携带曾经卡在里面的碎片。岩石沉积在冰川底部，在那里它们可以被拖得更远，也可以在冰川撤退时留下。

冰川沉积物也可以以小的、矮的、细长的山丘形式存在，它们可以在冰川平原上被找到。这些山丘可能很难与其他形式的山丘区分开来，但它们通常是成群出现，并且因为它们都“指向”原始冰川流动的方向而得以与其他山丘区分开来。尽管关于这些山丘究竟是如何形成的仍有很多讨论，但它们被认为是冰川部分融化后倾倒的物质在沉积物堆上移动从而被塑造的结果。

鼓丘

小的、圆形的山丘，被地质学家称为鼓丘，很难与其他成因的山丘，甚至是采矿产生的旧弃土堆区分开来。它们通常具有圆形或椭圆形外观，并且成群出现，每个山丘轴向都相同。

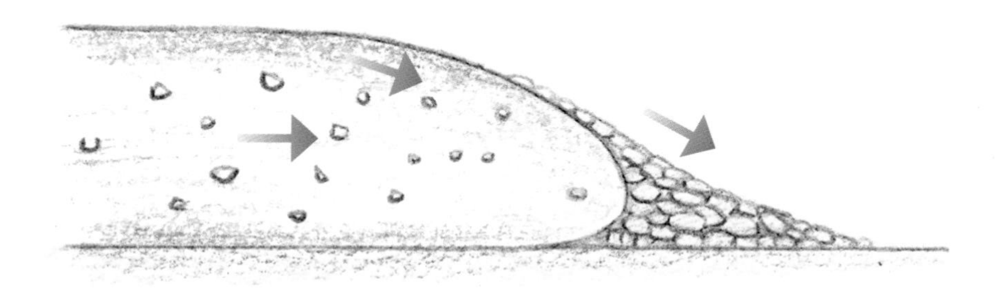

沉积物质

随着雪和冰的沉降和堆积，冰川在重力作用下向前移动并不断地部分融化和重新冻结的同时，在冰盖下堆积岩石和沉积物。

塑造土丘

当冰川经过时，成堆的岩石和沉积物被打磨光滑。这会产生大而圆形的土丘，有时在它们的内部有大石头，周围是更细的土堆。

鼓丘

冰川消退后，留下了巨大的椭圆形鼓丘，通常成群出现的地方被称为鼓丘原。鼓丘的“尖”端都指向冰川流动的方向。

冰丘

冰川有时会以起伏的地形留下冰川融化的迹象，其中有小山丘、河岸和凹陷地。这些凹陷通常充满水和植被。

除了土丘、堤岸和山丘，冰川沉积留下的另一个特征是大面积不平坦的地面，有一系列的凹陷和冰丘。这些被认为是另一种类型的冰碛，由岩石、沙子和砾石组成，它们被冰川带入冰盖的裂缝和褶皱中，然后随着冰川的消退而沉积在地面上。有时，土丘之间的凹陷地会充满水，如锅形湖，或者长满植被，形成沼泽地。

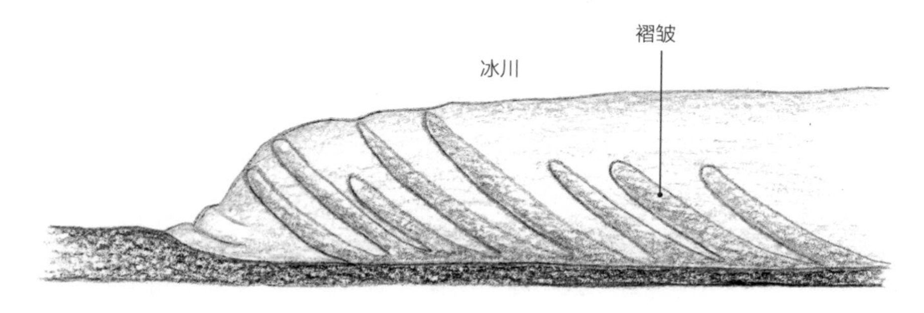

冰层的断层和褶皱

活跃的冰川在向前移动时不断解冻和重新冻结。这意味着冰川内融冰区被压缩、拉伸、分裂和折叠，就像岩石在压力下的表现一样。

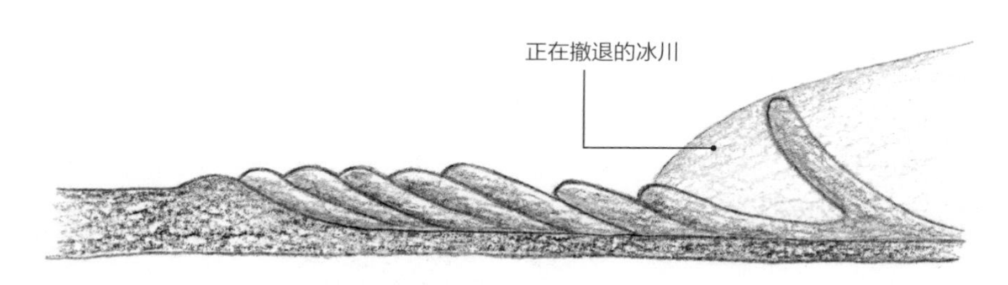

沉积

沉积物和岩石被冰层中的这些逆冲断层和褶皱所携带，因此当冰川最终融化和消退时，它们会以一系列的土丘和层状物的形态交叉堆积在彼此的顶部，形成小丘。

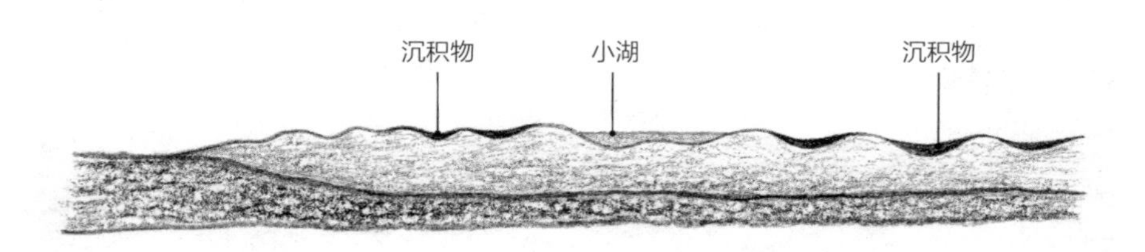

冰丘

这些土丘逐渐被雨水侵蚀。有时会随着融水从融化的冰川中流出水和更多的沉积物，覆盖在这些土丘上。这样就留下了我们今天看到的不规则的冰丘地形。

锅形湖主要分布在冰川覆盖的平坦低洼地区，也可能在高地地区找到。与冰丘一样，其特征为一组圆形凹坑，这些凹坑散布在地面上，通常充满水，形成圆形湖泊。锅形湖是由从融化的冰川上脱离的冰块融化后，覆盖物塌陷而成的。随着时间的推移，这些坑洼可能会被淤泥和植被堵塞，在谷底形成一片片沼泽。

锅形湖

这些锅形湖是在美国北达科他州冰川消退后形成的。

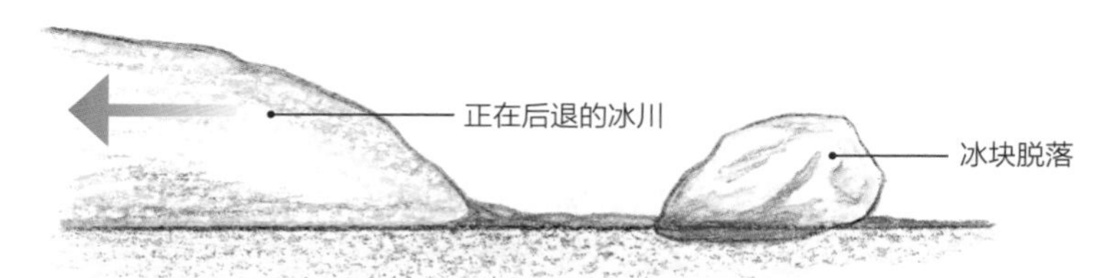

冰块

随着冰川融化和后退，大块冰块从其前端脱落，连同融水中的沉积物和碎屑一起沉积下来。

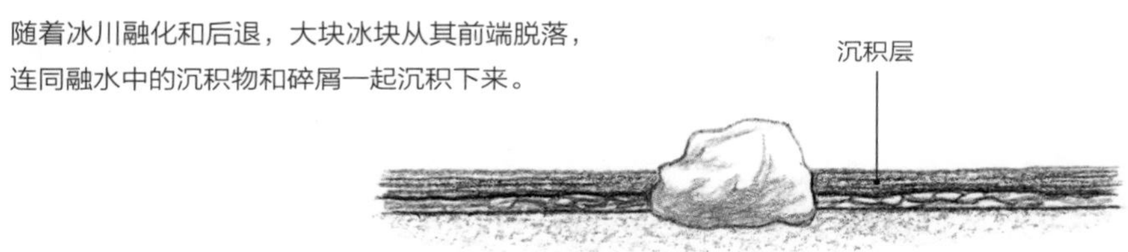

沉积物堆积

坚硬的冰块需要一段时间才能完全融化。与此同时，融水中的沉积物围绕着冰块层层堆积起来。

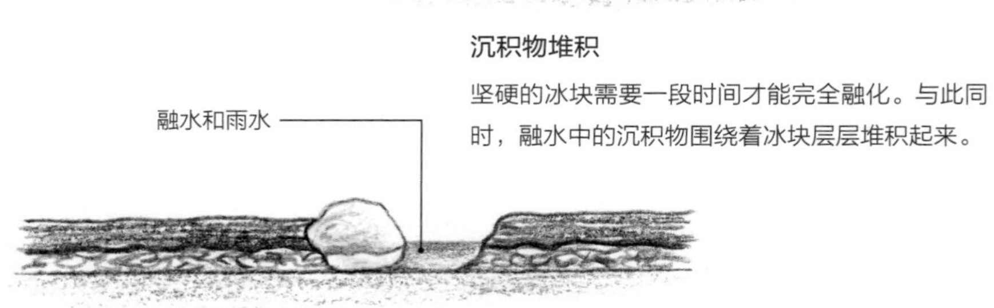

融化冰层

随着冰块融化，在周围的沉积物中会留下一个圆形的洞，一部分沉积物会沉入这个洞。融水和雨水填满了这个洞。

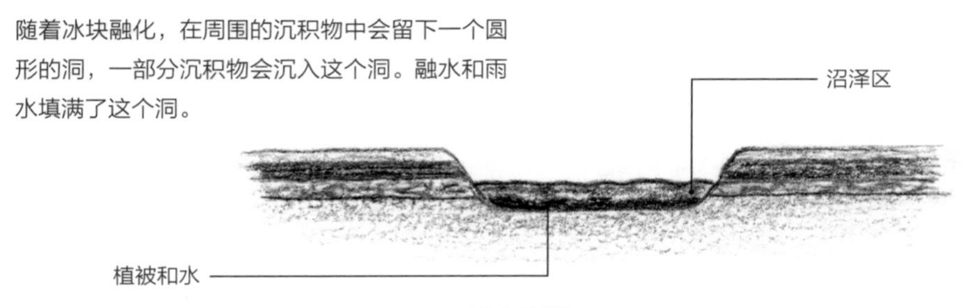

地上的洞

几块冰块形成了一组小湖泊或起伏的丘陵和凹地景观。植被和水可能会填满这些洞，从而形成沼泽区域。

蓝色丝带（右页照片）

埃文湖沿着苏格兰高地的U形冰川谷（埃文谷）的底部蜿蜒而下。谷底的中心在过量下蚀的过程中被冰川刮平了。

冰川河谷包含位于谷底凹陷处的长长的、蜿蜒的湖泊。这些洼地是由冰川的侵蚀力刮擦而成。我们已经看到冰川如何过量下蚀一处山谷，这些凹地随后被水填满。当冰川留下的冰碛物横跨山谷形成一个大坝时，就会在山谷的底部形成湖泊。

挖空

峡湾底部在冰川的作用下被挖空。当冰川沿着山谷向下移动时，冰所带来的重力势能会磨损谷底。

变浅

冰川前部附近冰量的减少意味着冰川不会把岩石挖空那么多，从而导致更浅的剖面。

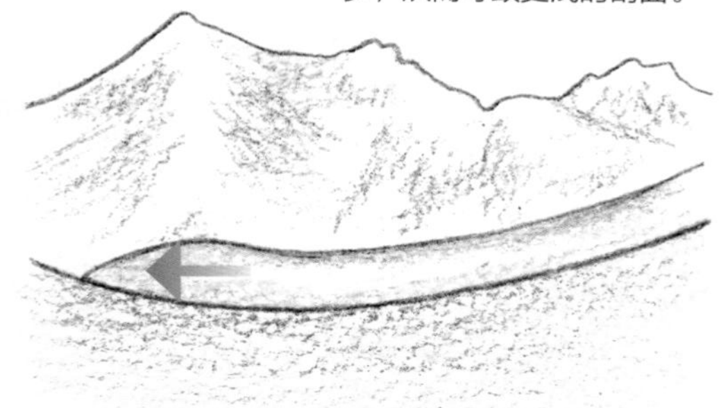

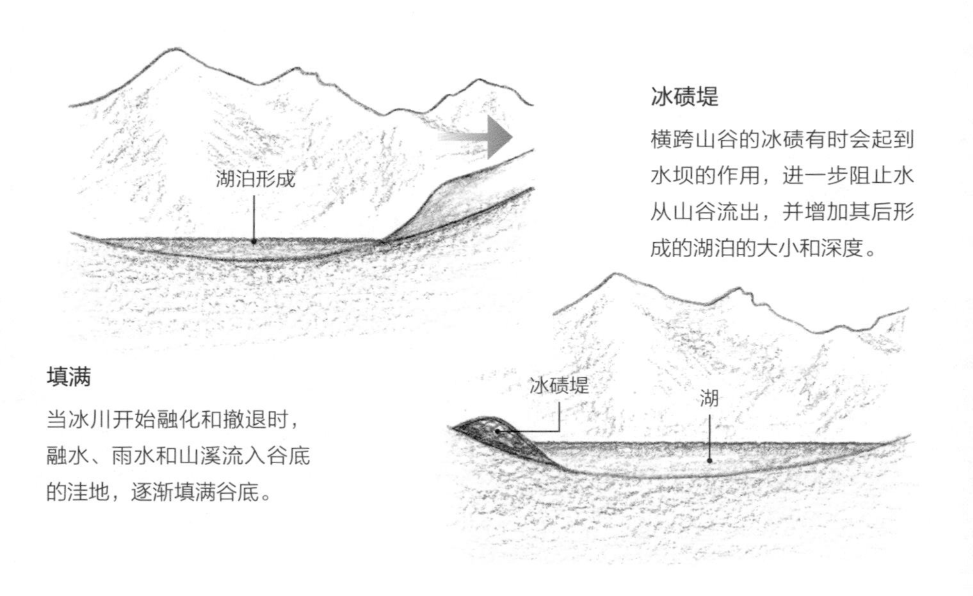

冰碛堤

横跨山谷的冰碛有时会起到水坝的作用，进一步阻止水从山谷流出，并增加其后形成的湖泊的大小和深度。

填满

当冰川开始融化和撤退时，融水、雨水和山溪流入谷底的洼地，逐渐填满谷底。

LOWLANDS

低地 • 引言

从表面上看，低地地区可能没有高地景观那么引人注目，但它们经历了相同的形成过程，有时其结构与山区一样复杂。当然，我们在高地看到的一些地貌也可以出现在低地地区，但低洼地貌的平原和起伏比较平缓的丘陵也有自己的特点。

低地

低地景观的特点是低地起伏，通常是平缓起伏的丘陵，以及广阔无垠的平原和奔流到大海的湍急宽阔的河流。随着景观和河流的坡度减小，河流运载能力下降，留下沉积物，低地景观中的许多特征都是由此产生的沉积过程形成的。因此，低地地区的地面通常有从高地携带下来的沉积物。低地的其他地貌包括湿地，如河漫滩、沼泽、芦苇丛，通常位于低地谷底，特别是在温带和热带气候下。大型干燥盐滩和沙地通常是干旱地区低地的特征。

低地特征

低地是地球上人口最稠密的地区，因为它们拥有丰富的自然资源。洪泛平原为农作物提供了丰富的养分，沉积养分的河流提供了淡水，满足人们日常消耗和运输。

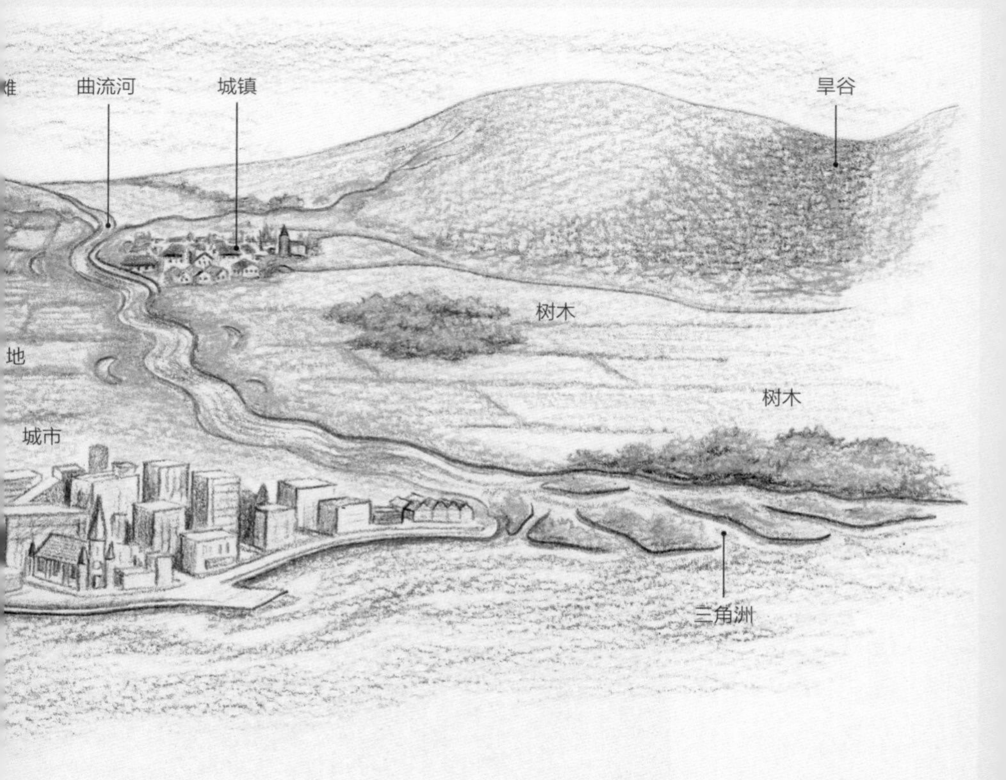

与高地丘陵和山谷的形成方式大致相同，低地势丘陵和山谷是由隆起、褶皱、侵蚀和沉积共同作用形成的。但是，高地多是由坚固的岩石形成的，低地则通常由更软的岩石层组成，例如石灰岩、页岩和泥岩。缓慢流动的水沉积了细小沉积物，然后随着板块相互挤压和侵蚀磨损而弯曲。

起起伏伏

英格兰苏塞克斯南唐斯丘陵由古老海洋沉积的多层石灰岩沉积物形成。白垩的质地较软，当这些沉积层被侵蚀数百万年后，就形成了我们今天看到的南唐斯丘陵平缓、起伏的形态。

解剖低地景观

英格兰东南部威尔德地区连绵起伏的丘陵展示了数百万年来低地景观是如何形成的。岩石以淤泥、沙子的形式沉积在 1.25 亿年前到 9000 万年前之间的远古湖泊和海洋中，然后以柔软的白色石灰岩海床（白垩）的形式沉积，一直持续到大约 6500 万年前。压实的沉积物层硬化成岩层，然后由于在 2000 万年前左右欧洲和非洲板块的碰撞，岩层抬升并弯曲成一个长形的穹隆。从那时起，白垩层被侵蚀，露出山谷中较低层的黏土和砂岩，在北唐斯和南唐斯的最高点留下白垩山脊。

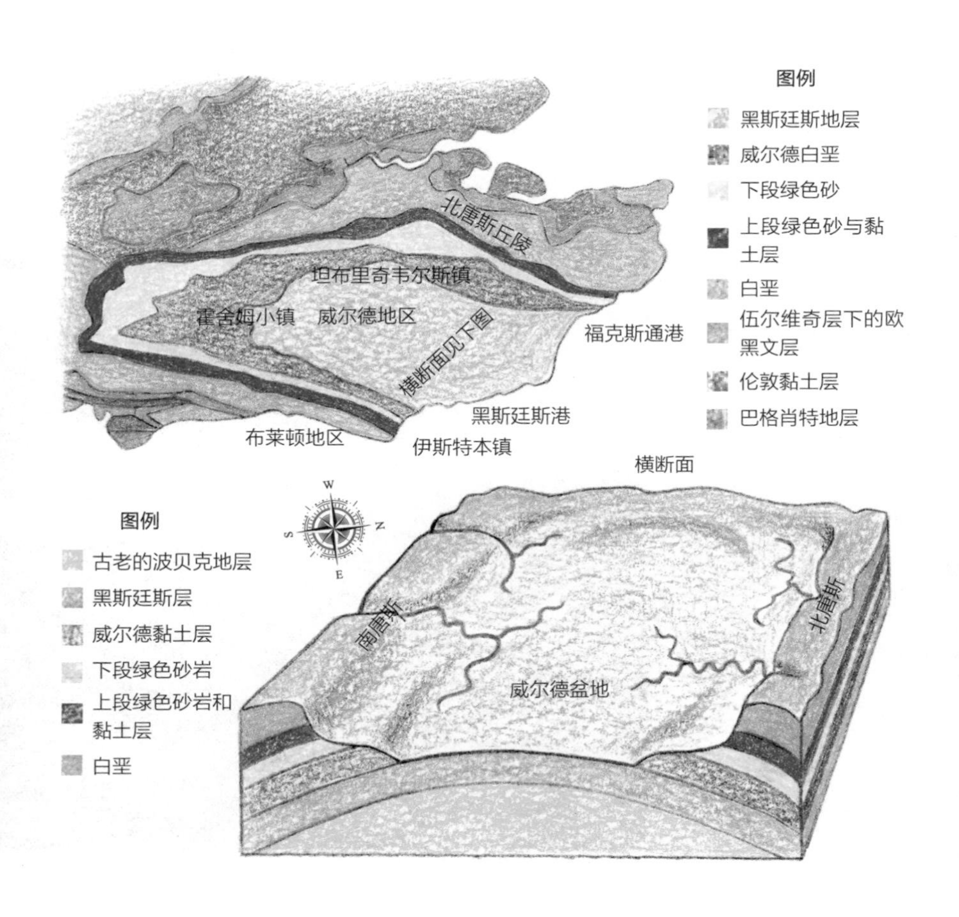

一些低地山谷似乎已被河流侵蚀过，但是在山谷底部却没有河流存在过的痕迹。那么这些山谷是如何形成的呢？干谷常见于石灰岩景观中，包括白垩低地和一些多孔砂岩。这些岩石是可渗透的，允许水渗入其中，这意味着我们今天看到的山谷形状是在过去的某个时期在其他因素的影响下形成的。有以下几种解释。

干谷

干谷通常在冰缘条件下形成，此时永久冻土层冻结了可渗透的岩石，例如石灰岩，使其在一段时间内变得不可渗透。任何流过岩石的水都无法渗入地下。当气候变暖时，水会再次渗入地下，留下干涸的山谷。

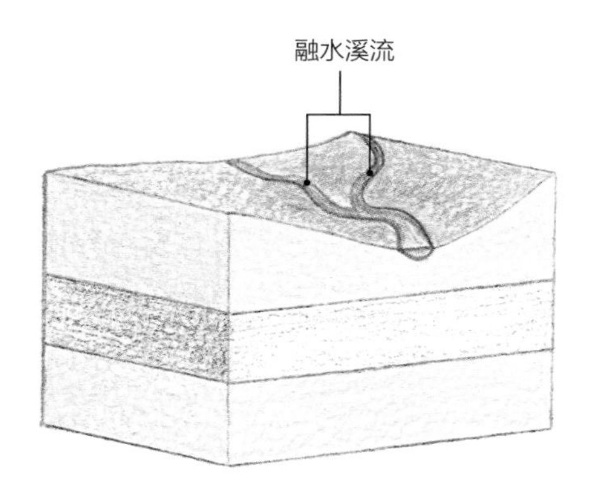

寒冷的气候

如果大地受到长时间的、非常寒冷气候的影响，通常具有渗透性的岩石会被永久冻土冻结到相当深的程度，使岩石的上层无法渗透水流。

干谷

岩石重新变得可渗透

侵蚀成谷

所有的水都会从岩石表面流过，通过侵蚀形成山谷。当温度升高，岩石层恢复渗透性时，水会再次渗入岩石，其侵蚀作用就停止了。

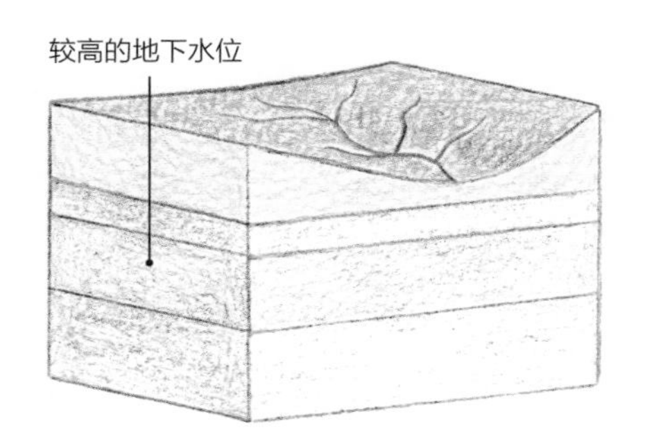

更多的水

大雨过后，干谷底部的小溪流暂时重新出现，这表明潮湿气候条件下的强降雨可能是导致谷底侵蚀的初始原因。

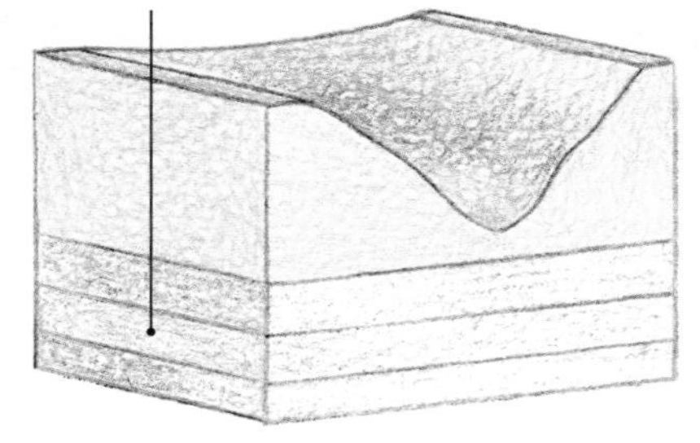

较低的地下水位

另一种假设认为，由于诸如气候、构造及农业用水增加等因素的影响，今天的地下水位比过去低得多。因此，地表水流在过去会更为普遍。

裸露的岩石露头

这块花岗岩露头，当地称为“kopje”，位于坦桑尼亚的塞伦盖蒂平原之上。它为许多植物和动物提供了庇护的栖息地。

有些低地景观以孤立的山丘、岩石或小山为特色，它们矗立在周围的低洼地面之上。虽然这些突出的露头有时比周围的岩石更坚硬，但它们都是经过多年水、风和冰侵蚀后的高地遗迹。现存的这些残余山丘距离河道最远，因此在洪水时期受到侵蚀的影响相对最小。

新的地面

新形成或隆起的岩石区域会立即受到雨水和流水的侵蚀。河流开始侵蚀岩石表面。

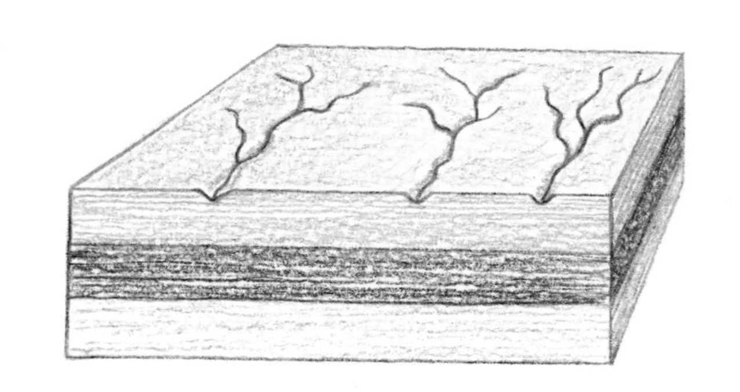

山和谷

随着河流向下侵蚀，形成了深谷和山脉，原始的岩石表面所剩无几。

平原

经过多年的侵蚀，一些低矮的残丘或岩石露头仍然存在，周围环绕着开阔的平坦地面，被称为准平原。

当河流流向大海时，随着陆地海拔高度下降到海平面，水流会将上游侵蚀的碎片带到下游。当河流到达低洼地区时，水中悬浮或携带的物质以更细的沉积物的形式存在，例如沙子和淤泥。当河流变缓或洪水泛滥时，这些沉积物就会沉积下来，形成与河流接壤的广阔平坦区域。

肥沃的平原

塞文河蜿蜒穿过英国一片已成为耕地的平原。多年来，这条河在泛滥平原上沉积了层层营养丰富的沉积物，使该地区变得肥沃，适合耕种。

平地之上

随着河流从高地地区向下流向受侵蚀作用而变成平地的低地地区，河床的坡度变小。河流蜿蜒穿过低地地区，从一侧蜿蜒到另一侧，切割平坦宽阔的山谷。河流变慢并变宽，将其携带的碎片沉积在它们穿过的平坦的洪泛平原上。这些蜿蜒的河流变成辫状河流或三角洲，在湖泊或沼泽地中进一步减速，并在到达大海时扩大为河口或泥滩。在通往大海的路上，一些河流蜿蜒穿过干旱地区，但它们的源头总是在邻近的潮湿地区或是山区。

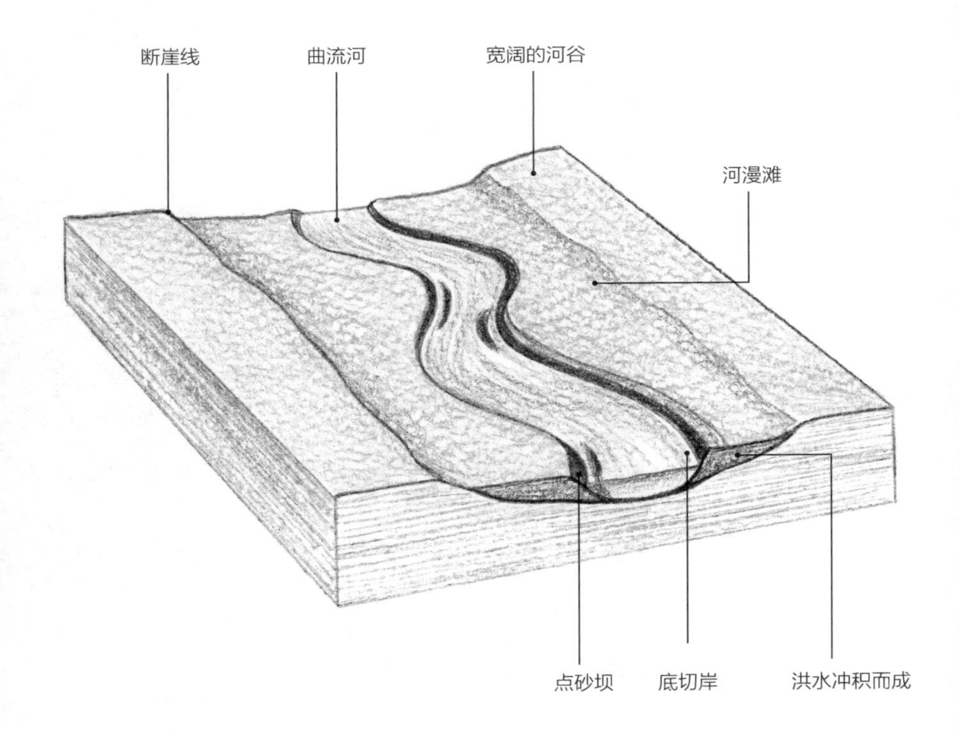

许多河流附近都有泉水（出现在低地和高地地区）。泉水的存在取决于地下水位的高度。当雨水排入地下时，它会填满下方岩石中的可用空间，渗入岩石裂缝之间，并浸透可渗透的岩石和土壤。地下物质完全饱和的点称为地下水位。泉水出现在地面以上的水涌出的地方。

小小的源头

法国塞纳河的源头始自一个洞穴，并汇集在圣塞纳修道院附近的这个池塘中。水流入一条小溪，最终成为塞纳河。

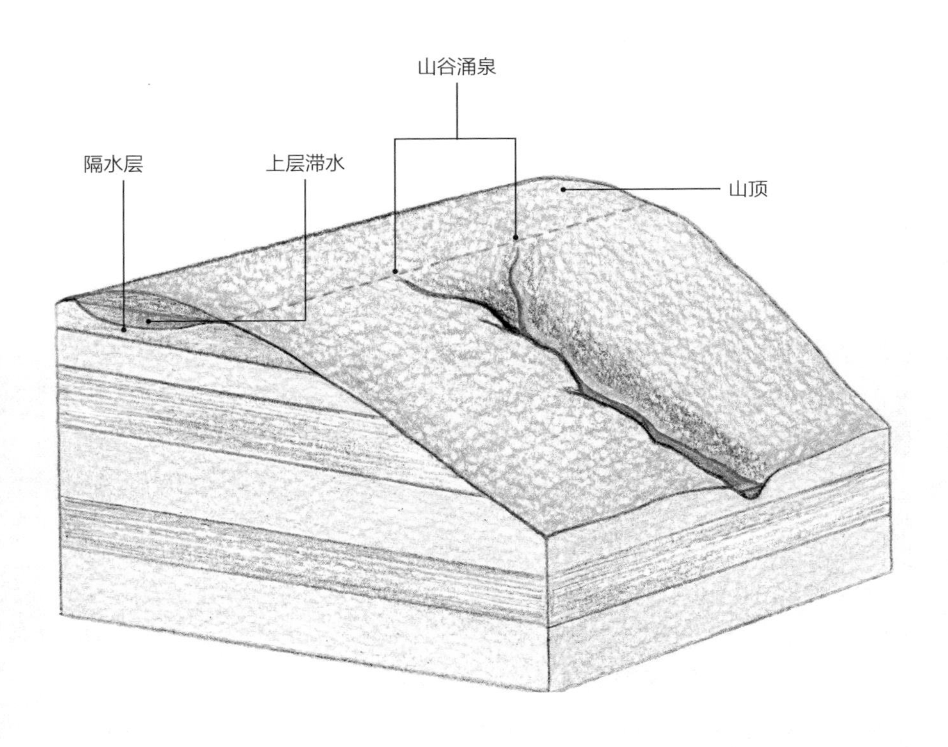

泉之源

地下水位的高度取决于降雨量和地下岩石的孔隙度。在山坡上的隔水层之上有一层透水层，水就会渗下去，然后沿着隔水层的顶部流动。由此产生了所谓的上层滞水。然后地下水在两种岩石交界处重新出现在地表。许多山谷涌泉来自这些上层滞水，为向下流淌的河流提供了源头，并流动侵蚀形成山谷。

蜿蜒的河流

美国蒙大拿州的布莱克福特河蜿蜒穿过沼泽中的洪泛平原。其千变万化的路线造就了多条河道和河迹湖。

在前文中，我们探讨了河流如何变成许多山谷中常见的弯曲的形状。当到达宽阔的低地平原时，河流在宽阔的河谷和漫滩上形成蜿蜒的 S 形弯道。这些弯道逐渐变宽并朝水流方向移动，形成特殊的侵蚀和沉积模式。

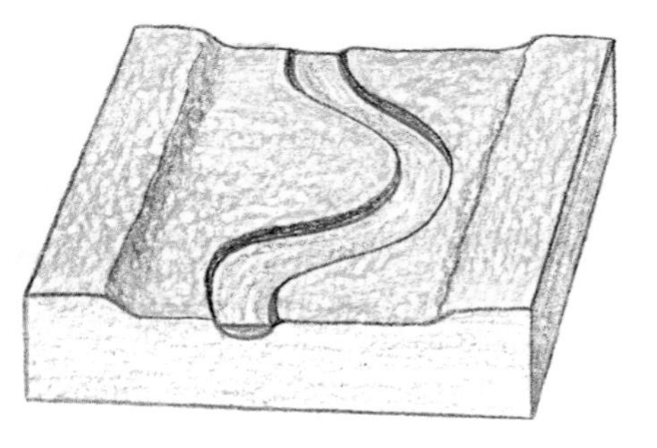

向前流动

当一条河流到达低地平原时，它搬运物质消耗的能量与它侵蚀物质消耗的能量一样多，它缓缓地切入河岸，形成弯曲的 S 形。

变宽

随着侵蚀的进行，弯的河道慢慢向下游移动。与此同时，当河流与河谷的谷坡相遇时，河流会侵蚀谷坡，从而扩宽河谷。

牛轭湖

洪水导致河水泛滥并打通了曲流的主要弯道，形成了一个新的河道，并留下了一个牛轭状的湖泊（牛轭湖）或池塘。

沼泽

随着时间的推移，蜿蜒的河道会在河谷留下牛轭湖和废弃河道，变成对野生动物有吸引力的沼泽地区。

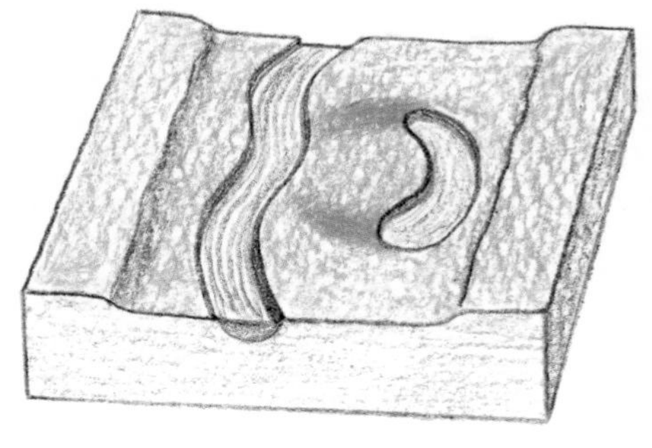

LOWLANDS 低地 • 河漫滩

水之国

塞文河淹没了英国格洛斯特郡图克斯伯里附近的田野。洪水泛滥的河水已经上升至河漫滩两侧稍高的谷缘。

河漫滩是指在低地与河流接壤的大片平坦区域，当河流泛滥时很容易被水淹没。它们是由于河流间歇性洪水的侵蚀和沉积过程而逐渐形成的。尽管洪水发生时会给这里的居民带来严重的损失，但洪水淹没这些地区时带来大量富含营养的淤泥使土地变得肥沃，非常适合农业和人类居住。

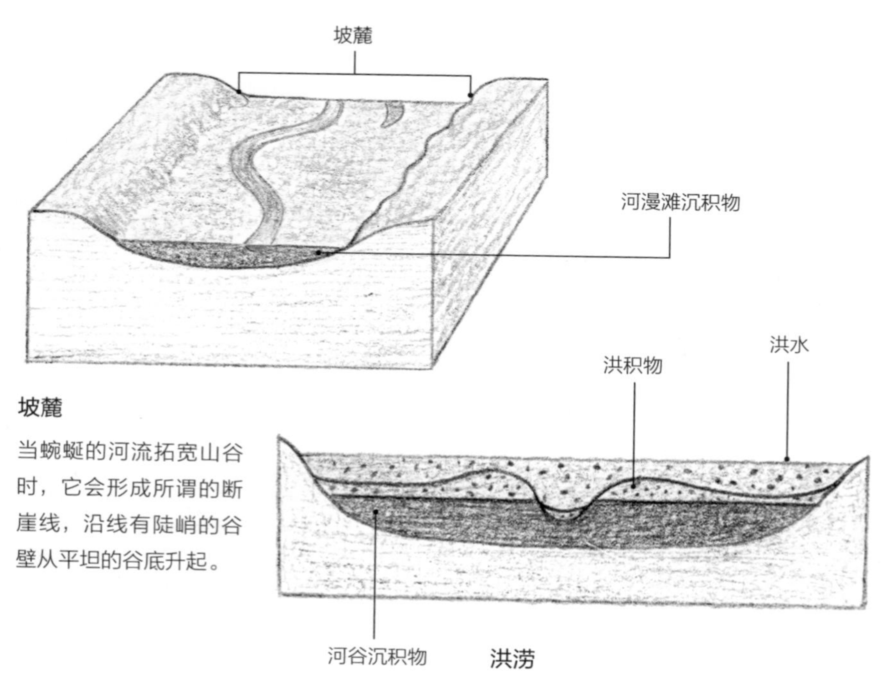

坡麓

当蜿蜒的河流拓宽山谷时，它会形成所谓的断崖线，沿线有陡峭的谷壁从平坦的谷底升起。

洪涝

当河流泛滥时，水淹没了邻近的土地，河流携带的沉积物会沉积在谷底。

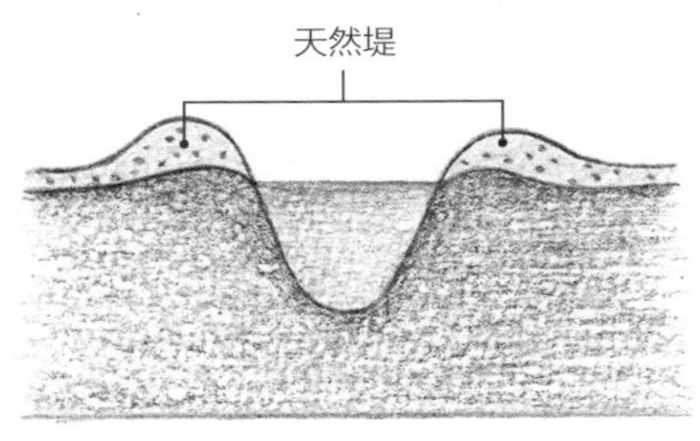

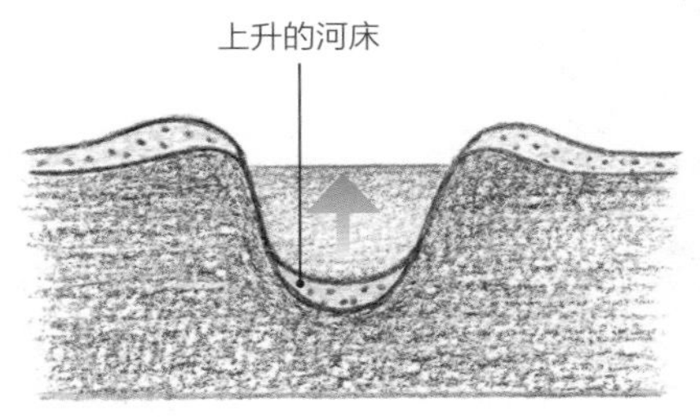

天然堤

粗重的物质先沉积下来，形成河岸或堤坝。较细小的沉积物则被带离河道、越过河漫滩。

上升的河床

随着洪水消退，河道内的水会在河床上沉积更多物质，从而抬高河流并增加河流再次淹没河岸的可能性。

层架以下

位于喜马拉雅山脉的查拉布河一侧的层架状岩脉表明河流和河漫滩的先前水位。

河流阶地的形成主要与海平面的相对下降有关系。有时候，由于地质构造的作用，地壳抬升，此时海平面相对下降，河流就会向下切割，原本的河漫滩被废弃后就变成了阶地。有时可能由于环境变化导致海平面下降，河流也会向下切割河床，导致阶地形成。

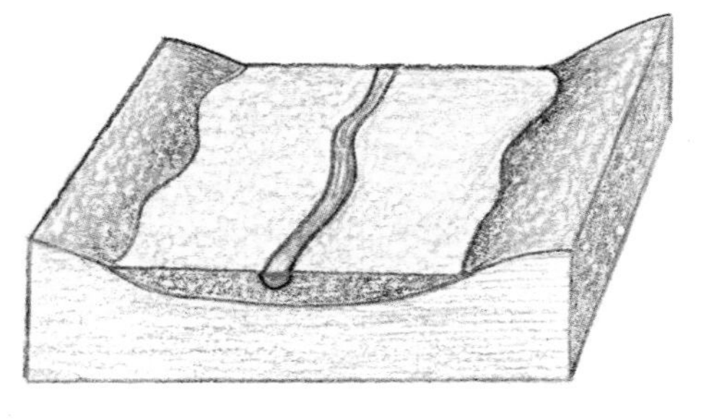

蜿蜒的河迹

随着河流逐渐切入山谷，阶地就形成了。由于气候变化以及河流中水流和泥沙负荷的变化导致河流改变流向，河漫滩也随之移动。

阶地

河流的蜿蜒曲折流动继续横穿谷底，远离旧河岸，于是形成了一层阶地。如果重复这个过程，就会在山谷的一侧形成一系列的阶地。

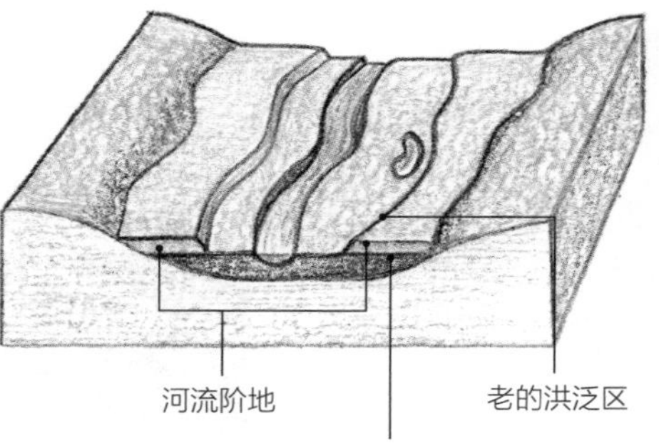

河流更新前

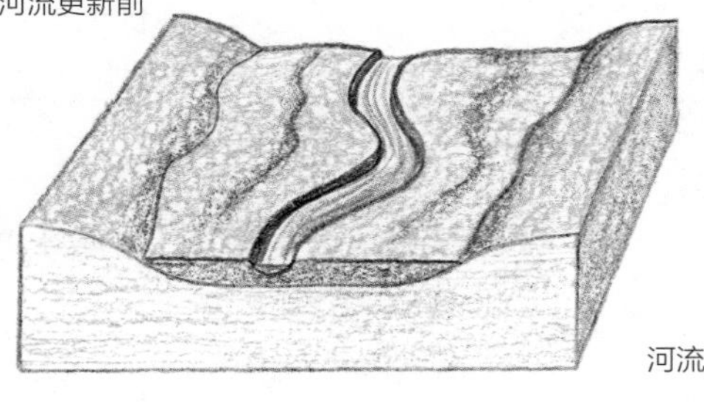

重新下切

形成阶地的另一种方式是地面因构造运动而隆起，这会抬高地面并导致河流获得新的侵蚀力并下切。

新的山谷

在重力的作用下，河流开始切入下面的地表，形成一个新的山谷，在它自己带来的洪水沉积物中雕刻出一个新的山谷，在两边留下阶地。

河流更新后

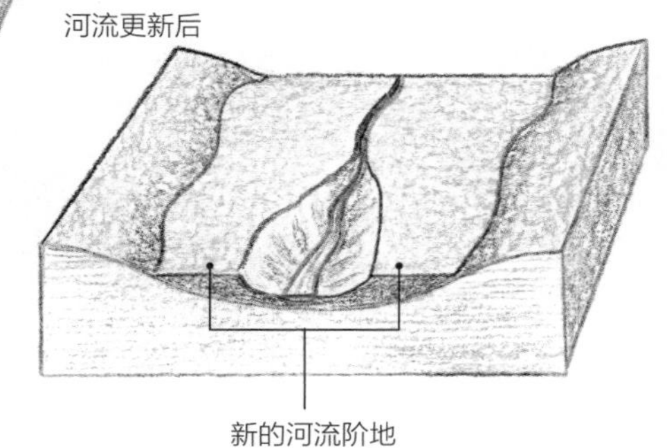

当河流到达大海或湖泊等大片水域时，它们的流速会减慢，并且会分支成多个支流，类似于辫状河流。这些水道会呈三角形散开（因此得名“三角洲”），在缓坡上沉积物质。沉积物的形状和剖面取决于河流、海洋或湖泊的水流强度，以及这两种水流如何相互作用。

三角洲

这是俄罗斯勒拿河巨大三角洲的增强卫星视图。此处的三角洲大约400千米宽，向拉普捷夫海延伸100千米。植被已经在河流的沉积物中生根，并逐渐稳固了地表土壤。

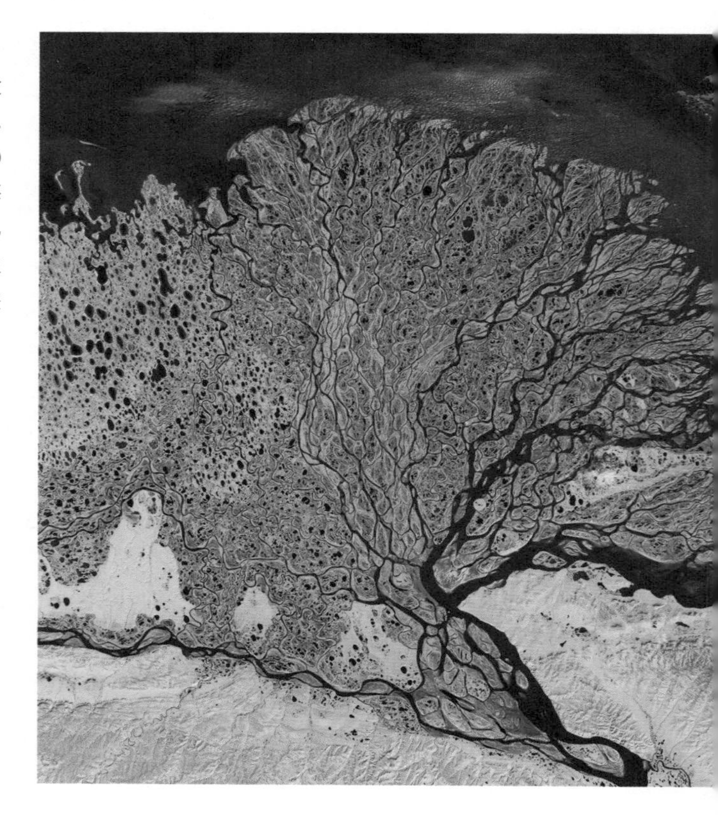

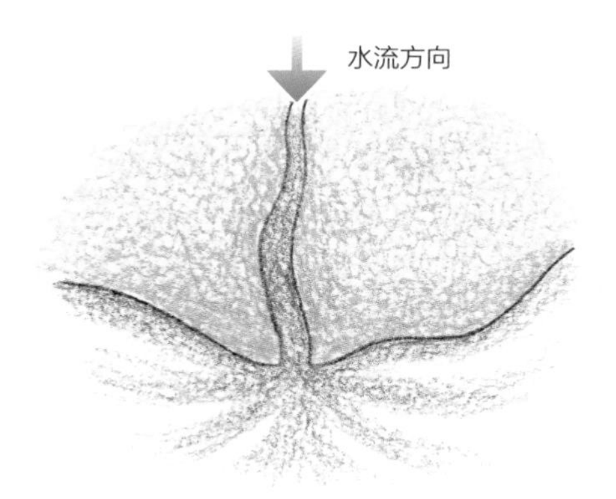

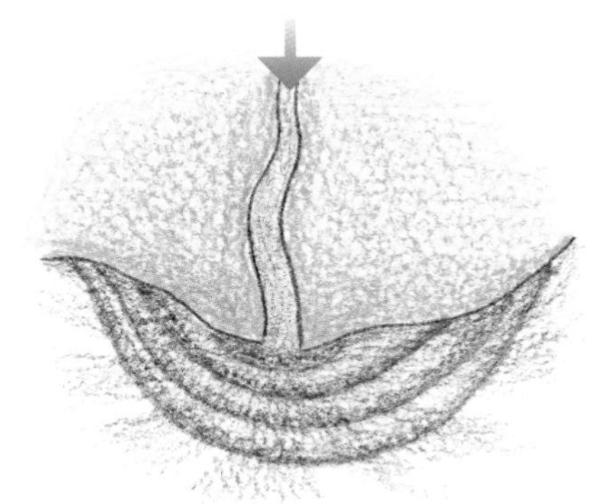

来到岸边

当河流到达大海或湖泊时，其流速减慢，河流就会失去能量，并将一直携带的沉积物沉积在河口。

沉积成堆

沉积物逐渐堆积起来，在河口周围的水下形成新的沉积物堆，从水流的出口点向外延伸。

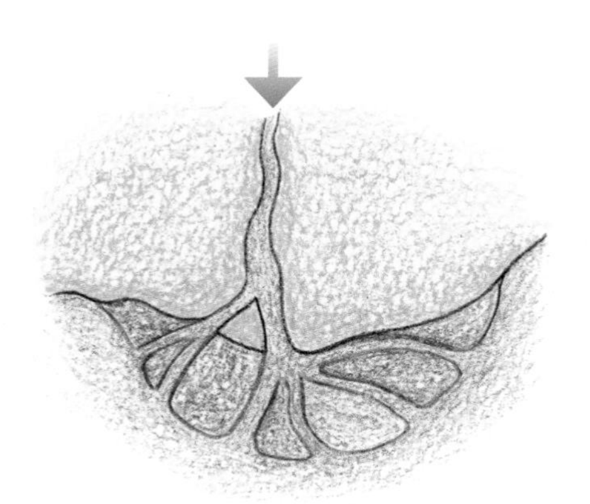

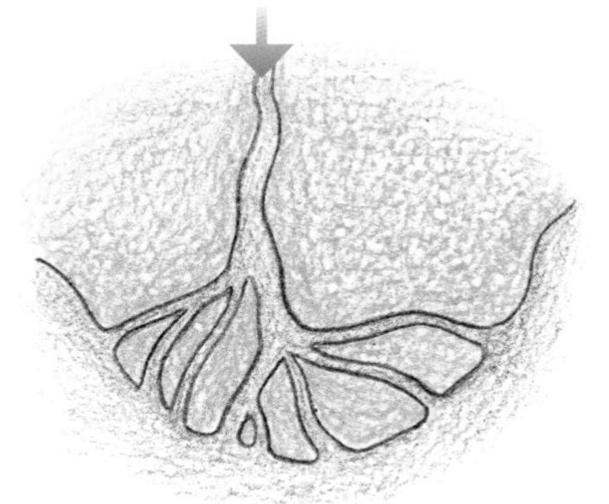

支流

河流分成多个支流，这些支流分散了河流及其内容物的能量。水流量和泥沙负荷的变化会改变三角洲的大小和形状。

新的陆地

与河漫滩的沉积物一样，三角洲沉积物富含养分，植物迅速生根并从中受益，在沿海开辟了新的土地。

湿地有多种类型，大致可分为淡水湿地和咸水湿地两类。一般来说，水中的含盐量取决于水的流量和来源，这会影响湿地的发展方向。淡水湿地，顾名思义，其水源来自河流或地下水，并依赖于较高的地下水位。它们的特点是沼泽地和浸水土壤，并且几乎被植物全部覆盖。

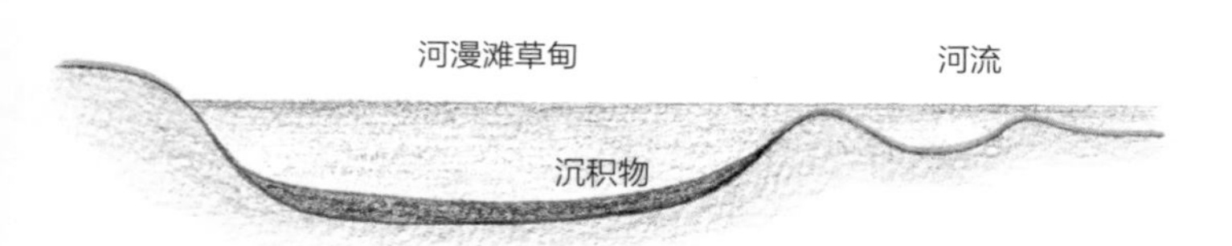

湿地的起源

因洪水或降雨造成的持续水流，地表变得饱和。水在人造或天然的空洞中聚集起来，这种洞可能是由融化的冰或旧河道留下的，由此形成了一个浅湖。水流中的沉积物也聚集起来。

聚生的藻类

藻类和苔藓首先在水中定殖，建造了支持细菌和昆虫的植被筏。喜水植物在营养丰富的沉积物中播种。

湿地仙境

淡水湿地，例如西班牙多尼亚纳国家公园的这片沼泽地，在自然保护方面受到高度重视。它们坐落在旱地和水的边缘，为植物和野生动物提供了宝贵的栖息地。

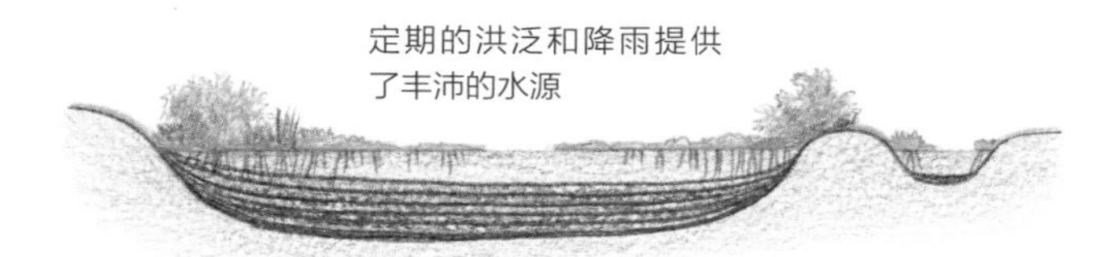

生根

小乔木和灌木开始在沼泽植物群落和沉积物中生根，它们的根固定了沉积物供其他植物生长。

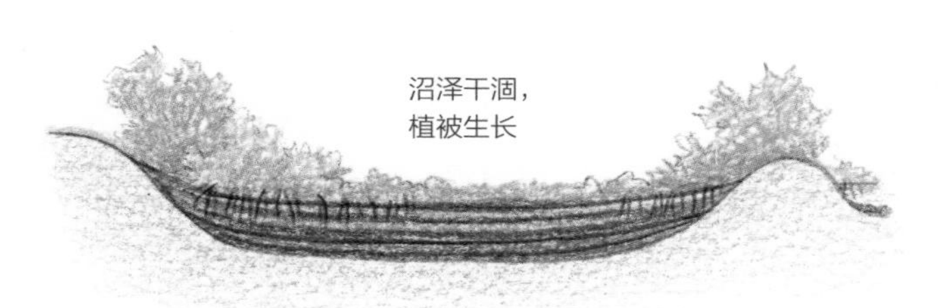

变成森林

最终，更多的小乔木和灌木侵入。当沼泽变干，淤泥不再缺氧时，它们会接管沼泽，将湿地变成林地或沼泽地。

低地·矿养泥炭沼泽和雨养泥炭沼泽

矿养泥炭沼泽和雨养泥炭沼泽是经过漫长时间形成的，其中富含潮湿的泥炭土壤。矿养泥炭沼泽由山谷、地下水或洞穴中的中性至碱性水补给水分。酸性的雨养泥炭沼泽往往出现在流水呈酸性的沙质或砂岩地区。凸起的沼泽也是酸性的，当泥炭逐渐积累并将沼泽表面抬高到水位以上时，低地沼泽或山谷沼泽就会形成凸起的沼泽，因此只能靠降雨来补给水源。在高降雨量地区的高地可形成毯状泥炭沼泽。

雨养泥炭沼泽

这是苏格兰凯恩戈姆的乔尼奇岩上的泥炭沼泽。沼泽中的水分是强酸性的，有利于泥炭藓等植物生长，这对泥炭的形成至关重要。

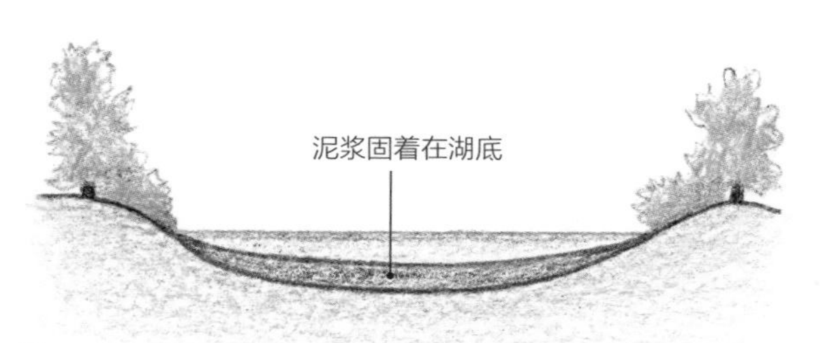

湖

湖泊形成于地下的空洞或地面凹陷处，由地下水或降雨补给水源。泥浆聚集在不透水的湖床底部，慢慢堆积起来。

形成矿养泥炭沼泽

包括死去的植物和动物在内的有机物质落入湖中。当中性 / 碱性水流入时，植物会在营养丰富的土壤中定居，形成矿养泥炭沼泽。

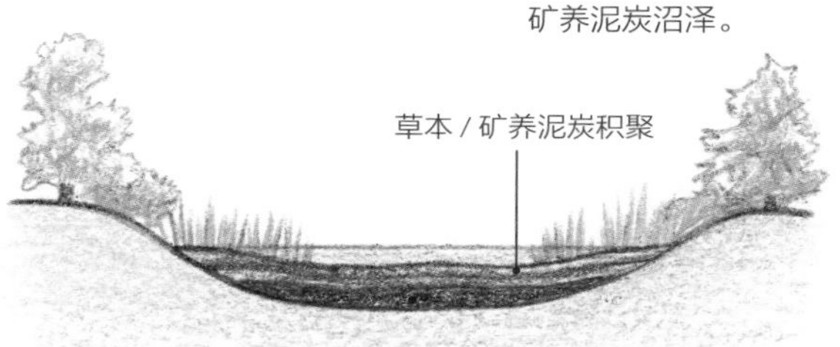

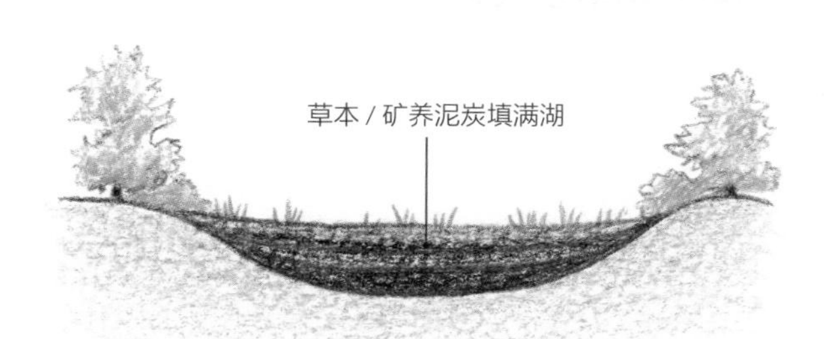

形成泥炭

随着雨养泥炭沼泽表面升高至地下水位以上，它只能由雨水供给水源，因此其酸度增加。形成10 厘米的泥炭可能需要长达 100 年的时间。

形成雨养泥炭沼泽

在潮湿、无氧的条件下，植物不会分解，而是形成泥炭。泥炭沉积物填满了湖水，慢慢地抬高土壤至地下水位以上。

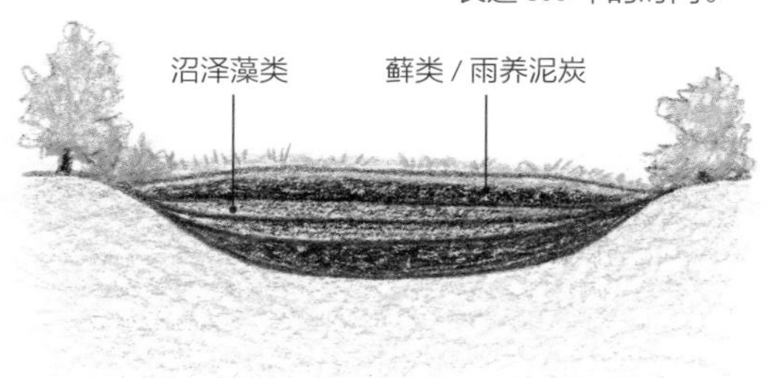

泥滩（右页照片）

这是英国萨福克郡奥尔德河的潮间带泥滩，在退潮时揭示出河道形态。耐盐植被正在侵蚀泥滩边缘。

河口是河流与大海交汇的出口，其形状、宽度和深度取决于河流的起源以及河流的水量、河流所携带的泥沙量和所遇到的潮汐强度。来自海洋的咸水和来自河流的淡水混合，相互作用的水流导致泥沙沉积。退潮时可以看到的泥滩就是这些沉积物的堆积。河口可以通过几种不同的方式形成。

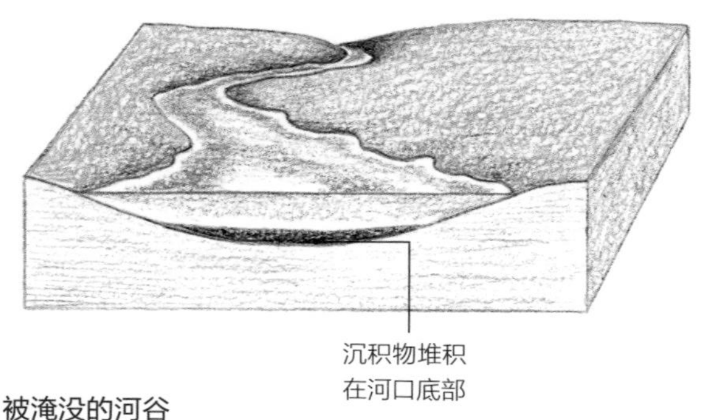

被淹没的河谷

大多数河口是在上一个冰河时代末期海平面上升时形成的，海平面上升“淹没”了通向大海的原河谷。

裂谷

河流入海口偶尔因构造运动打开裂缝而形成，此时地面下降，海水流入。

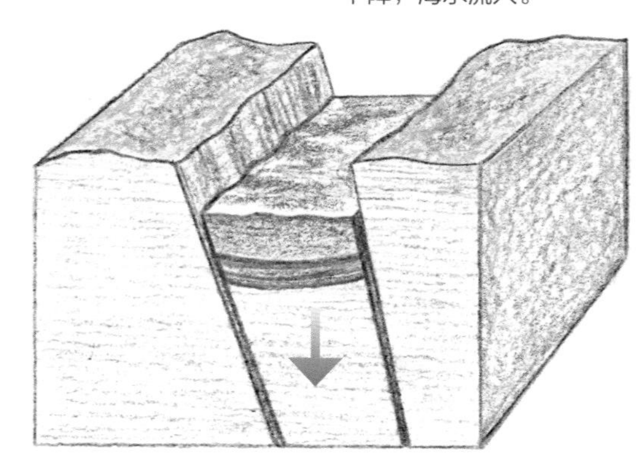

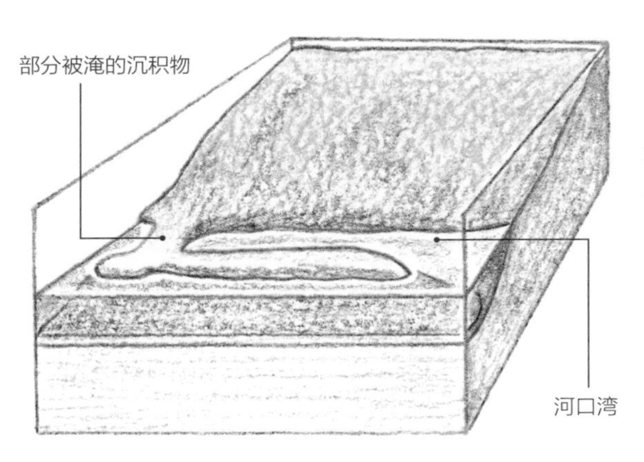

形成条状

沙子和砾石呈条状沿着海岸线沉积，使河口与海岸平行，此时便形成了条状河口湾。

海边沼泽（右页照片）

德国北海梅勒姆岛上的这个盐沼随着植物的迁入而变绿。这些沿海地区是野生动物和特殊植物的栖息地。

当河流入海时，河口的河道经常被河流本身或海水涨落的潮汐带来的沉积物淤塞得越来越严重。这意味着由此产生的泥滩会长时间地暴露在空气中，并且不会被咸水覆盖。当这种情况发生时，适应咸水环境的一系列植物开始迁入并在泥滩上存活，从泥浆中汲取丰富的营养。在热带地区，红树林占据了这些沼泽地。

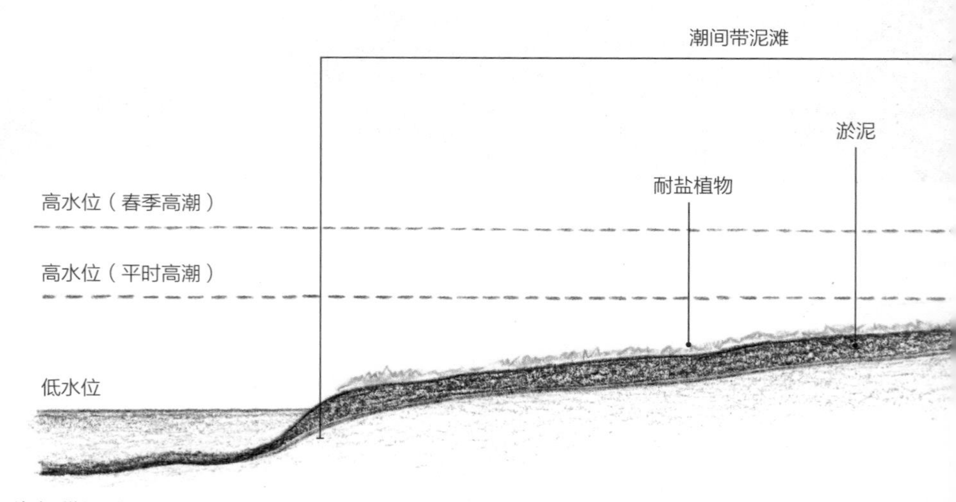

潮间带泥滩

与淡水沼泽一样，河口泥滩上沉积物的积累导致植物迁入并定居在暴露的泥浆中。

移居

然而，栖息地的这种潮汐和咸水的性质吸引了某些植物，在 12 小时的潮汐周期中，它们能够耐受长达 8 小时的海水浸泡。

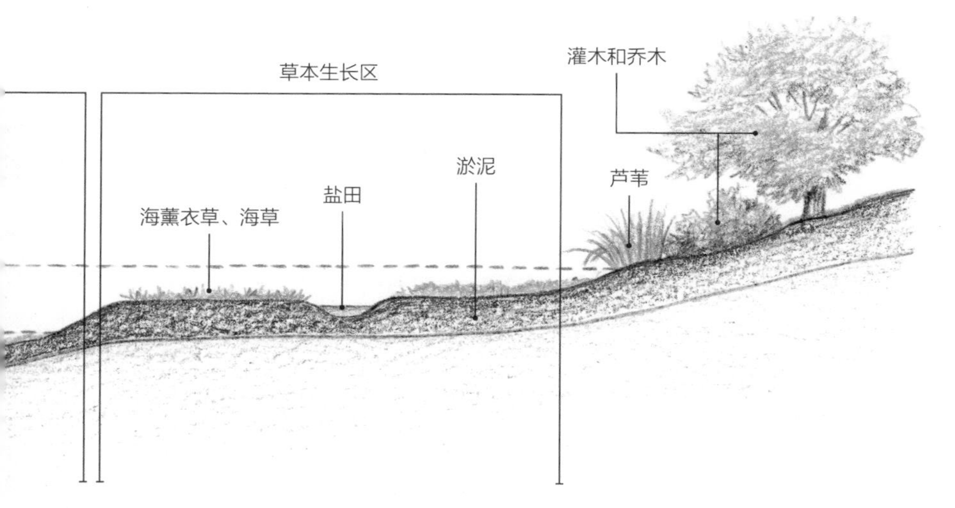

草本生长区

部分沼泽，被称为草本生长区，仅在每月最高潮汐期间被淹没。这片区域的植物，比如海薰衣草，每 12 小时内只能耐受被淹没 4 小时。

盐田

河道允许水进出沼泽，但在退潮时咸水被困在植被之间的地方会形成凹陷或盐田。当水蒸发时，它会在泥上留下盐分。

盐滩主要分布在干燥或干旱地区。它们实际上是一种特殊形式的干湖床，被称为旱湖或盐田。旱湖原本是巨大的湖泊，众多河流均流入其中，但气候变化使水流入量减少，湖泊蒸发量增加，由此导致湖泊水分蒸发，留下干燥的沉积物，这些高浓度盐分的泥浆就构成盐滩。

土中的盐

这是美国犹他州的邦纳维尔盐滩。当泥浆随着水分蒸发而收缩时，在许多干泥滩上可以看到地表的多边形裂缝。滩涂上周期性的洪水和水分蒸发形成了一个光滑的表面。

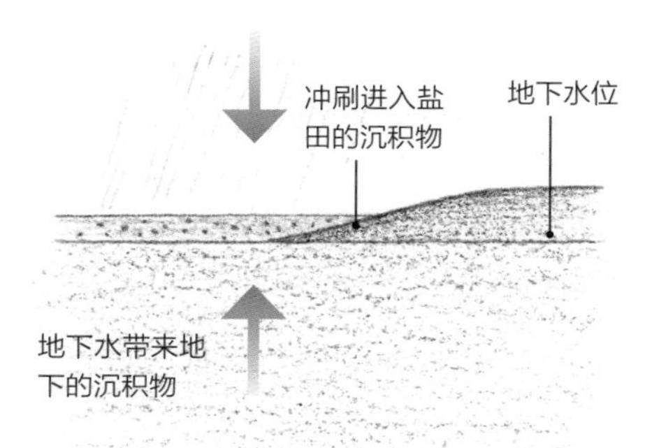

临时的湖泊

在干旱气候中，降雨或地下水位上升带来的水填满了宽阔平坦的平地，在地面上聚成一个宽而浅的凹痕，由此形成一个临时湖泊。

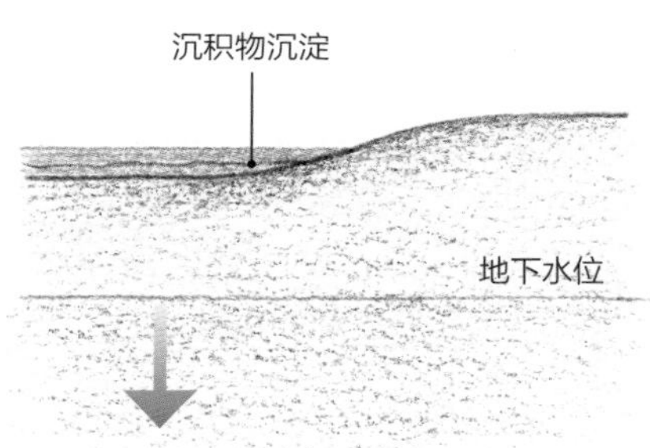

湖泊干涸

在长时间没有进一步降雨的情况下，随着水在高温下蒸发，地下水流会减少，湖水会逐渐干涸。

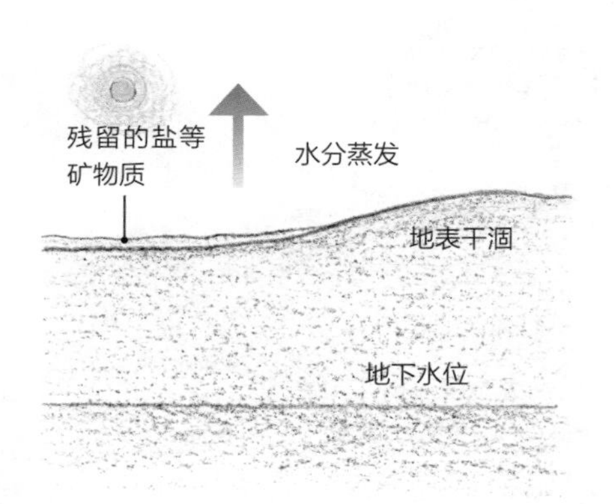

残余的矿物质

水蒸发后会在地表留下沉积物以及高浓度的盐等矿物质。

地表干涸并收缩，
由此形成裂缝

开裂

泥盐混合物在干燥时会收缩，通常会在地表形成多边形的表面裂缝，这就是泥裂。盐在裂缝中结晶，并将裂缝楔开。

湖泊的大小和起源差异很大。当来自河流、雨水或地下水的水聚集在地表的大洼地中时，就会形成许多湖泊，这通常会包括若干个过程。这些水源可能会因土地变化而阻塞。此外，冰川作用会在地表造成凹陷。右页示意图介绍了随着时间的推移形成湖泊的几种方式。从地质学上讲，湖泊的存在往往是短暂的，因为其他过程的推进（例如沉积物的沉积、水的蒸发），最终湖泊会干涸。

大湖

位于加拿大和美国边境的五大湖坐落在最初因板块运动而开辟的山谷中。由于冰川作用，山谷被进一步加深，而当冰川消退时，融水充满了盆地。

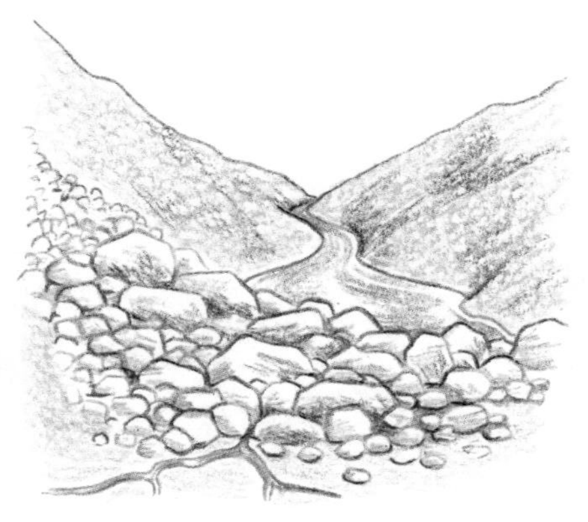

火山湖

我们已经看到湖泊是如何在死火山或休眠火山的火山口中形成的。熔岩流也可以阻塞河流以形成湖泊。

滑坡湖

河谷边坡的崩塌会导致泥土和岩石从山坡上落下并阻塞河流，从而在这天然大坝后面形成一个新的湖泊。

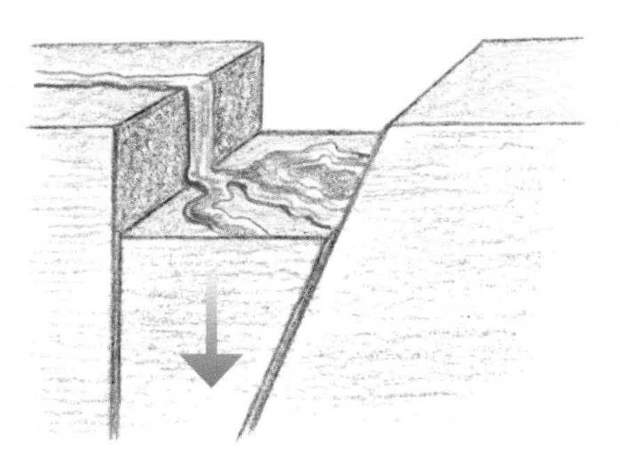

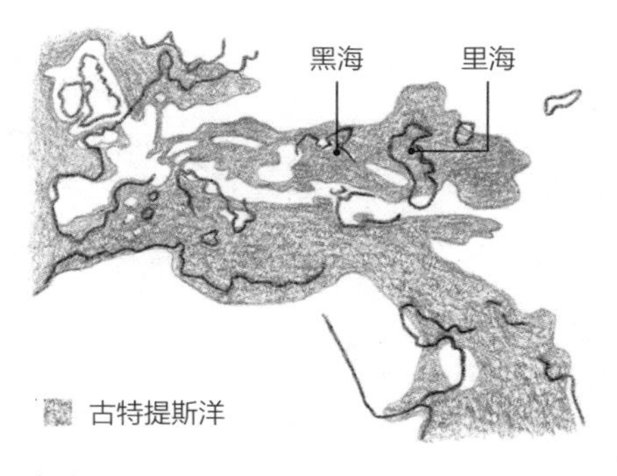

构造湖

构造板块的运动（例如地面的褶皱或断陷）或者断层造成裂谷时，都会形成洼地。

海岸湖

当海平面下降时，海洋可能变成内陆。约在500万年前，由于构造抬升和海平面下降，黑海和里海被分隔开来。

形成海岸线

海岸线往往会迅速变化，因为它们会受到风和水的沉积和侵蚀以及化学和机械风化作用的影响。

在上一节中，我们看到了当河流汇入大海等更大的水体时会减速，于是它们携带的沉积物开始在滩涂和三角洲上沉积下来。河流在河口卸下沉积物，而海洋也沿着海岸沉积沙子。海洋风浪引起的侵蚀效应也会作用于岸上的物质。与其他景观一样，侵蚀力和沉积力这两种力共同作用在一个地区的下伏基岩上，由此形成海岸线。

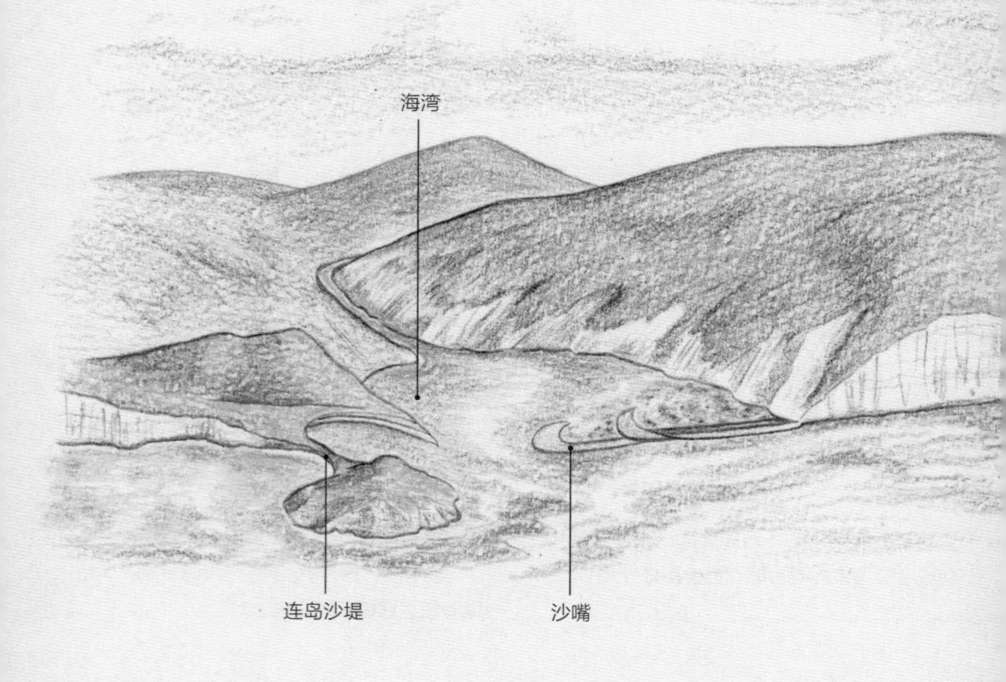

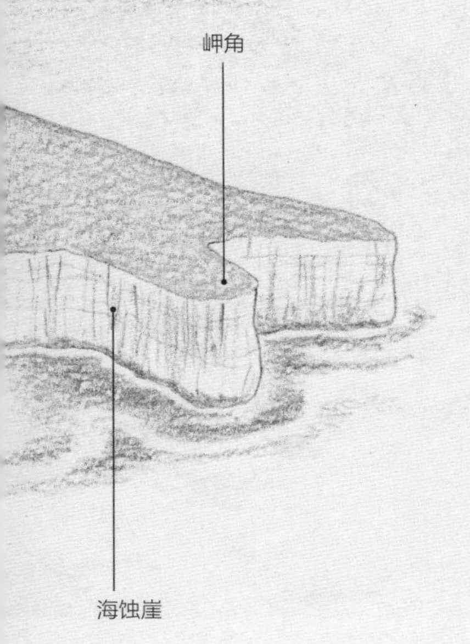

时间和潮汐

我们已经看到了构造活动是如何创造陆地的：从地壳深处形成新的地面，在板块碰撞期间抬高地面，然后随着时间的推移风化和侵蚀。在与海洋相接的地方，陆地受到持续的沉积、侵蚀、搬运、堆积作用的影响，不断地磨损岩石和沉积物。在海面上的风、月球和太阳的引力以及地球自转共同产生的潮汐力的作用下，海水形成波浪。潮汐和风还会产生局部洋流，将波浪抛向岸边，将岩石粉碎成更细的颗粒，然后利用这些颗粒进一步侵蚀岩石。受到各种力、潮汐的综合影响，潮汐和洋流还会在海岸上沉积或清除这些颗粒。

高大的海蚀崖可见于海岸的许多地方，是海岸景观中侵蚀作用最明显的地方之一。在板块运动或因厚重冰层融化，被压的陆地地壳负载减轻后反弹的作用下，岩石被抬升至海平面以上。悬崖在大海的猛烈冲击下逐渐瓦解并后退，在多次侵蚀过程的持续作用下得以形成。

崖壁

位于英国北诺福克海岸亨斯坦顿的这些悬崖在强大海浪的持续冲击下不断崩塌。

冲击波

海浪被风和洋流抛向陆地。海浪冲击地面时传递巨大的冲击波能量，震动地面并在结构上削弱岩石。

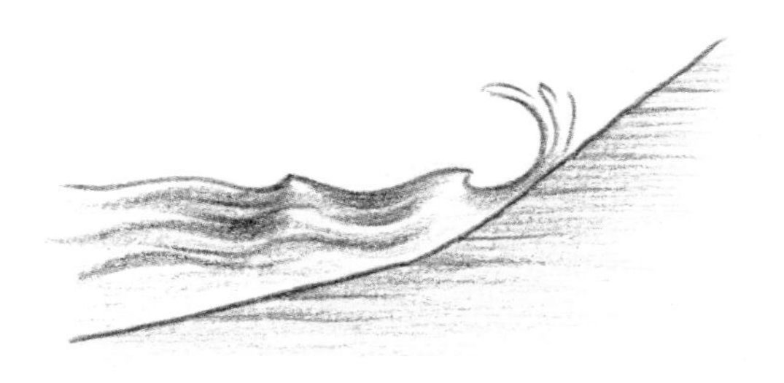

滑坡

如果地面由粉砂、黏土或石灰岩等软岩层组成，海浪的冲击或海水和大雨带来的土壤水饱和会导致地面塌陷，造成滑坡或山崩滑坡。

腐蚀和溶解

海水中的盐和碳酸会溶解某些类型岩石（如石灰石）中的颗粒。盐水在蒸发时会产生晶体，并在形成时膨胀，从而使岩石破裂。

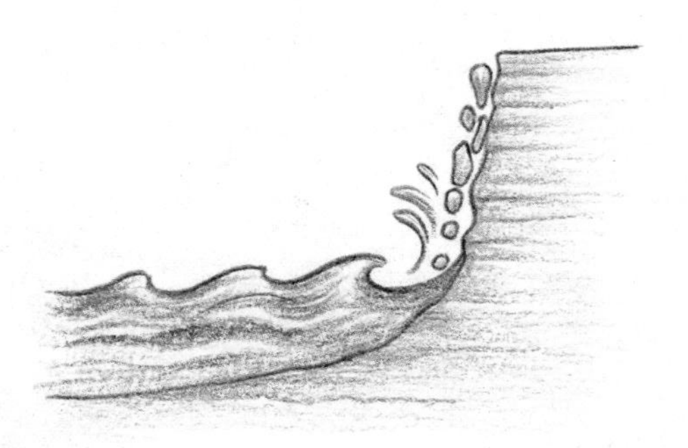

磨蚀

当岩石从悬崖表面崩落时，较小的岩石块会与海水中的沙子、鹅卵石和巨石混合在一起，然后撞击悬崖，进一步破碎悬崖表面。

海岸·洞穴

前面的文字展示了大海如何冲击陆地边缘以形成悬崖。有些悬崖上还会有洞穴。这些洞穴通过孔道通至悬崖底部，是由相同的侵蚀过程产生的，这些侵蚀过程在悬崖表面的特定薄弱处无情地磨蚀或溶解掉岩石。一些洞穴可能位于悬崖更高处，这表明洞穴是在多年前被侵蚀而成的，当时的海平面与洞穴处于同一高度。

海蚀穴

由于周围岩层有足够的强度，这个位于葡萄牙海岸的悬崖洞穴尚未塌陷。然而，塌陷只是时间问题。

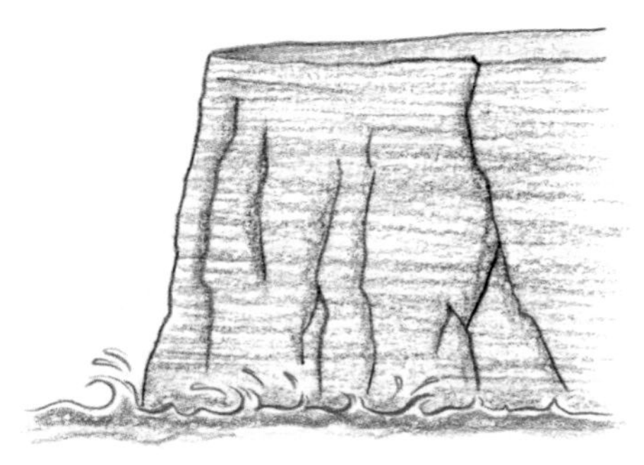

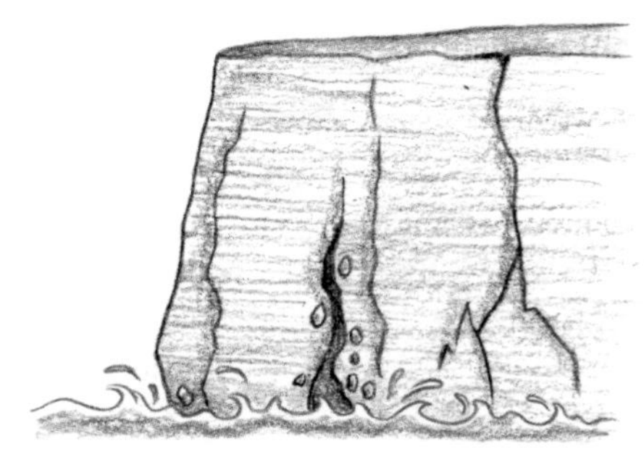

裂缝

海浪的持续冲击打开了悬崖上的垂直薄弱带，例如由于岩石内部应力而形成的裂缝、节理或断层。

岩石崩落

波浪的力量在悬崖底部最强，此处侵蚀力逐渐扩大薄弱带，并使其坍塌或在悬崖上打开一个大洞。

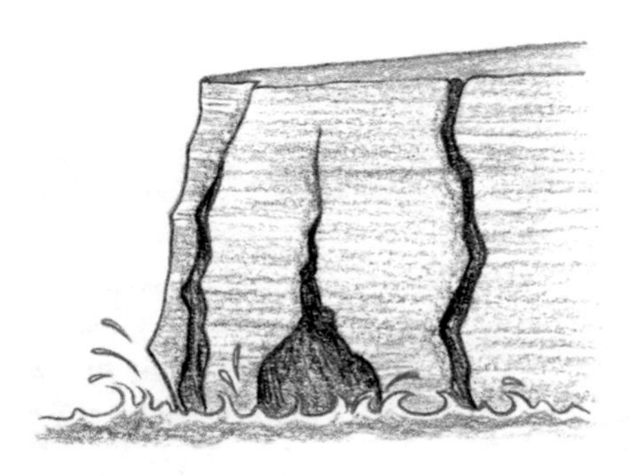

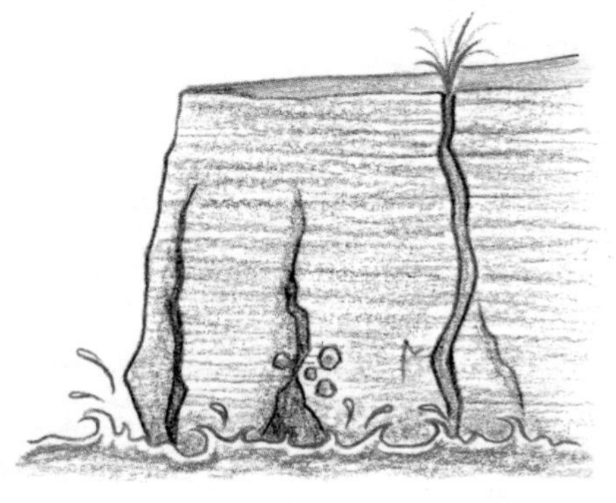

洞穴

洞在悬崖上逐渐扩大。如果岩石具有足够的强度力，它将保持住洞穴这个形态。进一步的侵蚀和岩石破裂导致洞穴坍塌还需要一段时间。

海蚀窗

有时侵蚀会产生一个狭窄的垂直裂缝，在此集中了波浪的力量。波浪将一股空气向上推过缝隙，于是强行打开了一个海蚀窗。

在一片岩石峭壁的底部通常能够发现，一个平坦的或更准确地说，一个非常平缓倾斜的岩石平台向大海延伸一小段距离。这个平台是由悬崖退后而形成的，随后被海浪冲刷而受到进一步腐蚀或侵蚀。波浪被迫越过平台才可抵达后退的崖壁，在此过程中消耗了能量，因此长时间来看海蚀平台具有减少悬崖被侵蚀的效果。

海蚀平台

这个位于英国南威尔士格拉摩根海岸的海蚀平台是悬崖被海浪侵蚀后的残余部分。其平台延伸出一段距离，伸入海中。

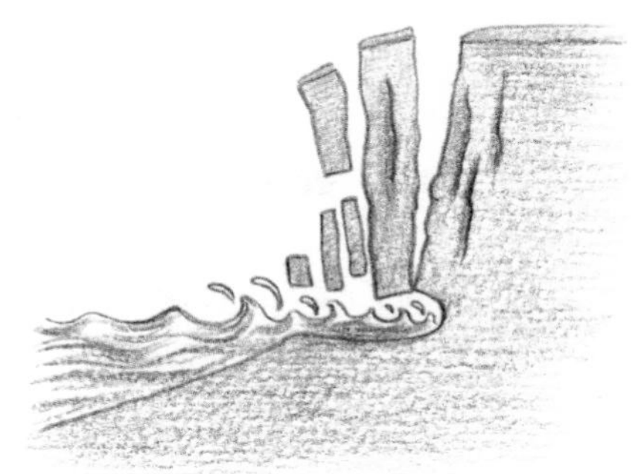

冲击崖壁

当海浪在海平面及以上冲击岩石时，它们开始腐蚀或磨损悬崖，逐渐侵蚀岩石，使其崩溃和倒塌。

岩石崩落

随着岩石被海浪和盐分侵蚀削弱，悬崖开始破裂和瓦解。岩石碎片落在下方的刚刚被切割而成的平台上。

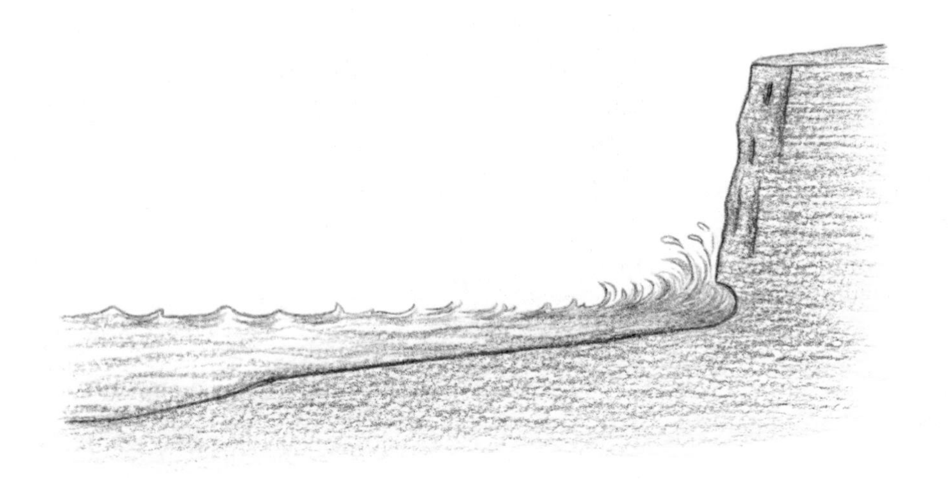

海蚀平台

大海的力量（特别是在暴风大浪期间）会分解并冲走从悬崖表面掉落的碎片，在退潮时露出新形成的平坦的岩石平台，即海蚀平台。岸台从崖底缓缓延伸，逐渐下倾入海。

许多海岸线由一系列岬角和海湾组成。当海洋的侵蚀力利用海岸线岩石的弱点时，就会形成海湾，它们是天然的港湾。海岸岩石这些弱点是指耐久性较差的、会更快地破碎和磨损的岩石区。海湾两侧会形成双海岬，此时海浪的力量反而集中在海岬上。

拉尔沃思海湾

圆形海湾被称为小海湾，最引人注目的小海湾之一是英国多塞特郡的拉尔沃思海湾。大海在坚固的波特兰灰岩层上造成了一个缺口，并在后壁较软的黏土带中磨损形成了一个圆形海湾。

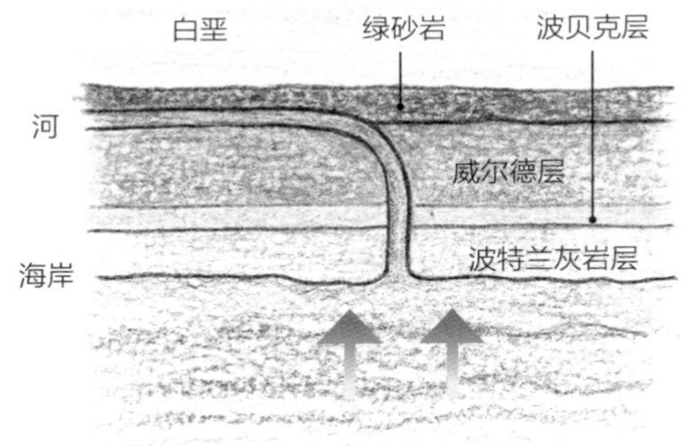

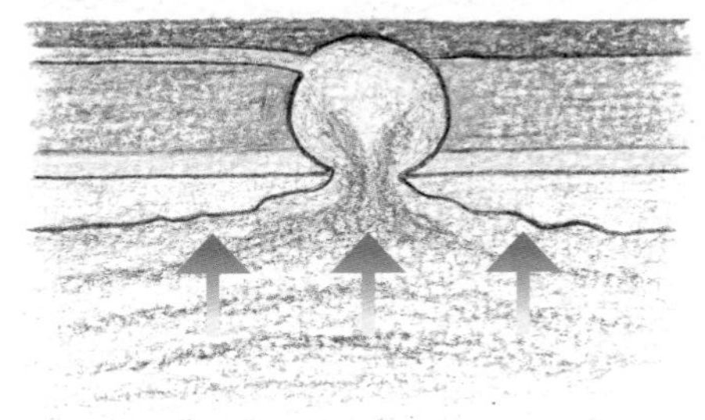

较软的岩石

当海浪冲击海岸时，包括风化和磨蚀在内的各种破坏过程都会作用于耐久性较差的岩石裸露区域。

冲刷

在涨潮和暴风雨期间，岩石被分解，海浪冲进新形成的海湾，冲刷掉松散的岩石并导致更多较软的物质暴露。

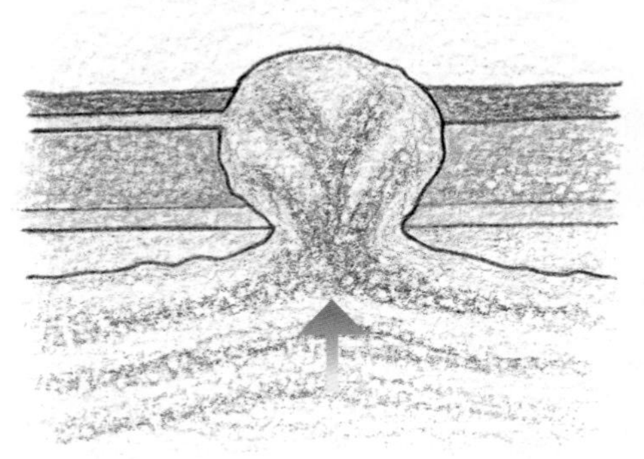

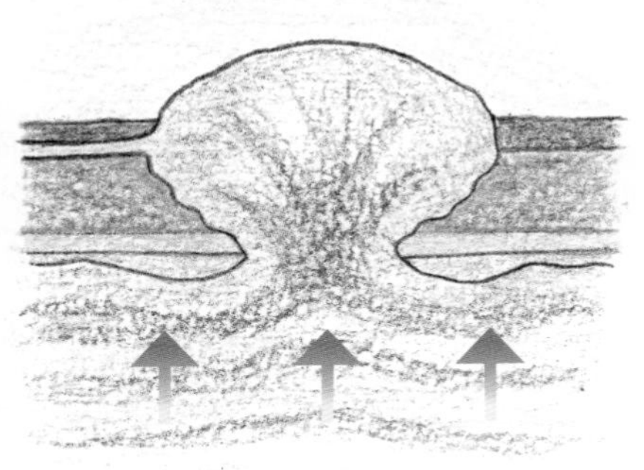

海湾背面

随着海湾的打开，海浪的力量逐渐消散。这会导致侵蚀减少，并在海湾中堆积沙子和砾石。

流向两侧

波浪的力量被重新转移到岬角的两侧。当岬角使波浪偏转从而形成一个圆形湾口时，就形成一个小海湾。

岬角是指向大海突出的夹角状的陆地。波浪从岬角的两侧进行冲蚀、磨蚀，在岬角两侧形成海蚀穴，两边海蚀穴逐渐扩大，最终相互贯通，形成拱桥状地貌，称为海蚀拱桥，又称海蚀穹。

老的岬角

位于英国多塞特郡斯塔德兰的著名的旧哈里岩是古老的白垩岬的遗迹。这些岩石最终会被海水冲走。今天您仍然可以看到蓝色水面下曾经是悬崖底部的海蚀平台。

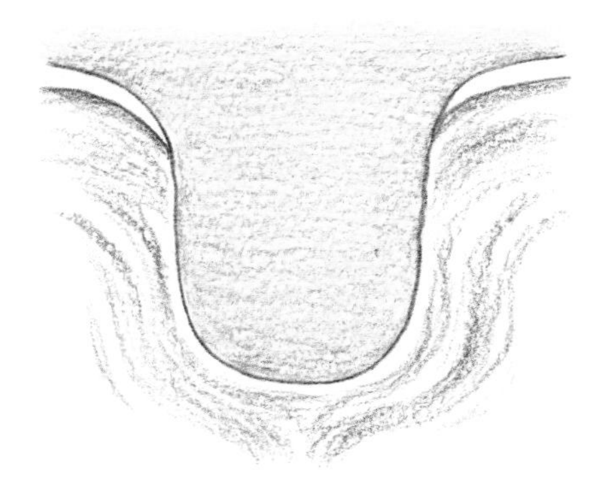

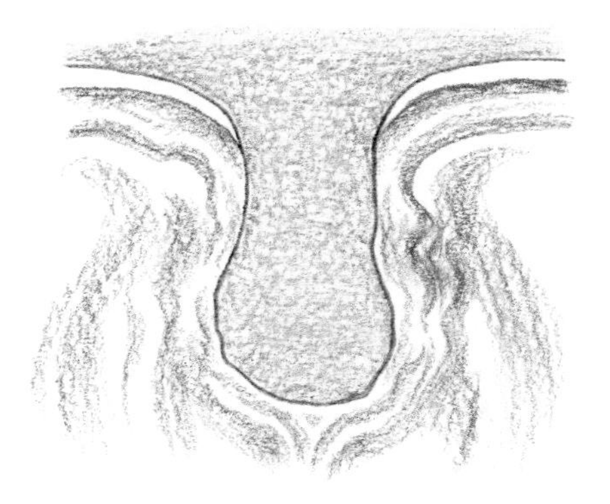

海浪的力量

我们已经看到海湾是如何因侵蚀而逐渐被打开的，随着海浪的力量消散，砂子和扁砾石堆积成了沙滩。

裸露

裸露的岬角受到环绕海浪的冲击，海岬的形状使海浪被抛向海岬的两侧。这加快了侵蚀速度。

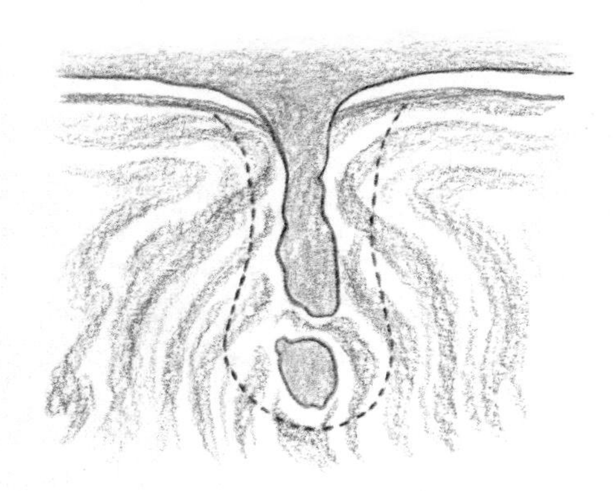

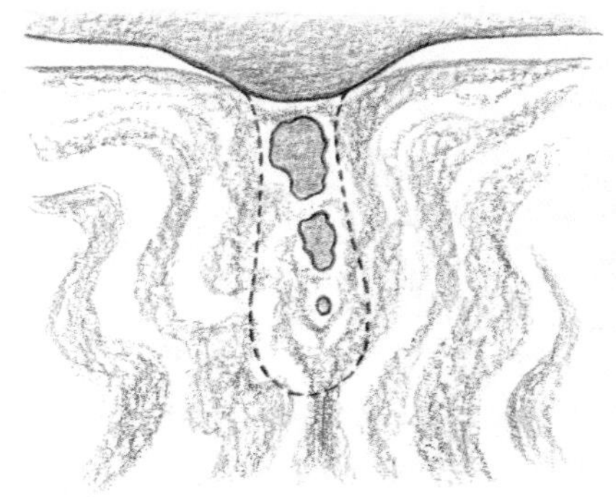

收窄

侵蚀作用无情地利用岬角壁的弱点来创造海蚀穴、海蚀穹和海蚀柱，从而收窄了岬角。

分解

侵蚀作用使海水进入了岩石的薄弱处，继续分解海蚀柱，因此整个岬角最后剩下的只是海平面以下的岩石浅滩区域。

海蚀柱和海蚀穹

法国诺曼底埃特勒塔的海蚀柱和海蚀穹因印象派画家莫奈的画作而闻名。它们是曾经延伸到英吉利海峡的岬角的残余部分。

在岬角尽头的锯齿状岩石更有力地表明了海水的侵蚀力，也是海洋侵蚀过程的证明。那些受海浪侵蚀，与岸分离的高大的岩石塔，称为海蚀柱，有时还伴随着巨大的海蚀穹。这些都是曾经突出的岬角的遗迹，标志着岬角曾经伸入大海的位置。海浪环绕着一处岬角，不断从两侧攻击它，直到将其分解并缩小为我们今天看到的面貌。

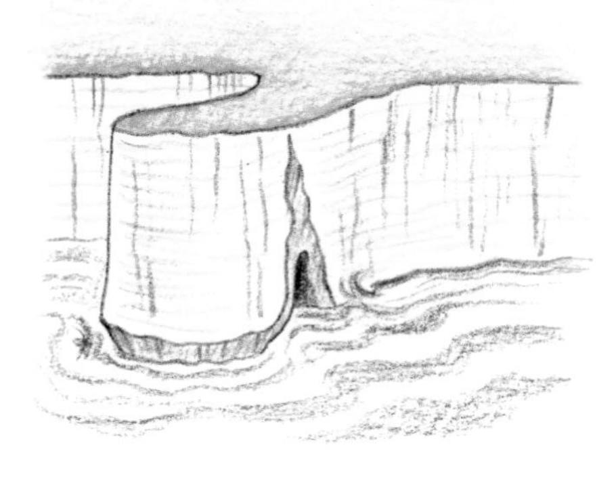

岬角

如前所述，海浪的侵蚀作用逐渐将坚固的岩石岬角缩小为突出到海中的狭窄海角。

形成拱门隧道

随着海浪继续冲击悬崖两侧，岩石底部形成多处洞穴。最终这些洞穴贯通，形成一条穿过岬角的隧道。

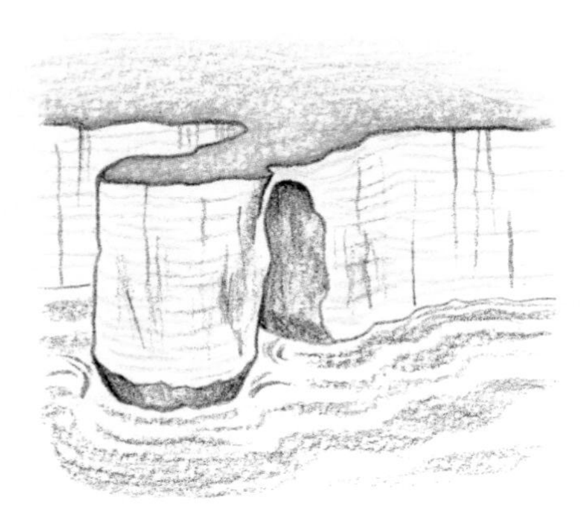

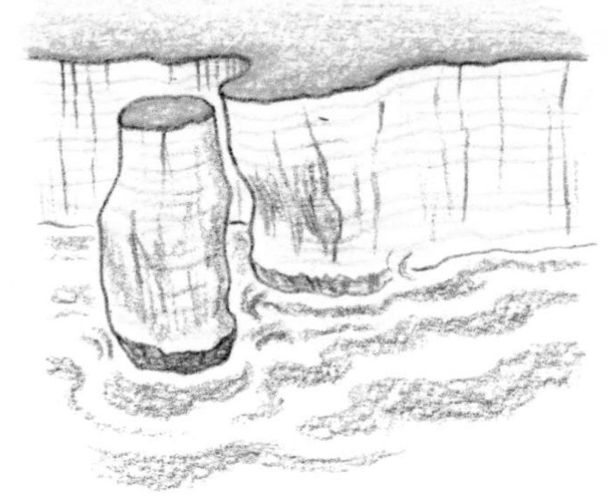

形成岩柱

当岩石厚度到达一个临界值，不再能够支撑穹顶部的重量时，就会导致穹顶倒塌并形成一个孤立的岩石柱。

崩塌的岩塔

随后，岩塔的底部和侧面在海浪的作用下继续被侵蚀，顶部被雨水霜冻侵蚀，逐渐坍塌入海。

生命如海滩

海滩充当着陆地和海洋之间的缓冲区。在许多情况下，除了极端低潮，您只会看到海浪上方的一小部分海滩。

到目前为止，我们已经研究了由侵蚀（即物质的损耗）塑造的海岸特征面貌。然而，我们很多人可能最熟悉的是海滩。海浪的力量会在水深较浅的地方减弱，导致海浪沉积更多的沙子、砾石和卵石，而不是带走它们，由此形成海滩这种沉积地形。因此，海滩的形状取决于波浪拍岸的方向和强度以及沉积在岸上的沉积物的大小。

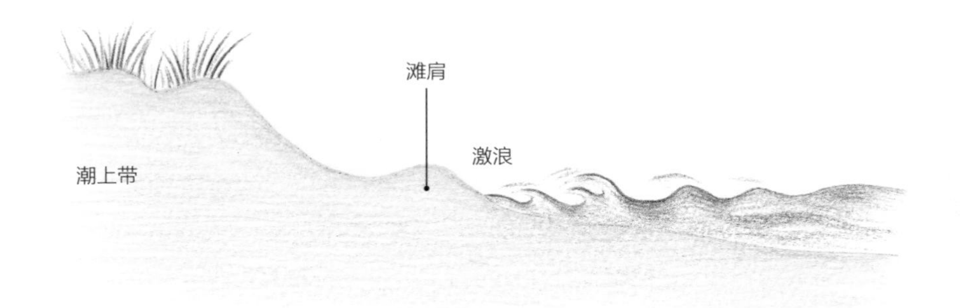

沉积物

波浪会同时造成侵蚀和沉积两种效果，若是波浪不断带来沉积物在海岸上堆积，则这种波浪被称为“建设性波浪”，若是波浪不断侵蚀海岸，造成海岸线后退，则这种波浪被称为“破坏性波浪”。海滩附近的海底地形会影响海滩类型，若海底地形陡峭，拍岸浪能量强烈，会使粗碎屑在岸边堆积，形成砾石海滩，若海底地形平缓，拍岸浪能量较低，只能让细碎屑在岸边堆积，从而形成沙滩。

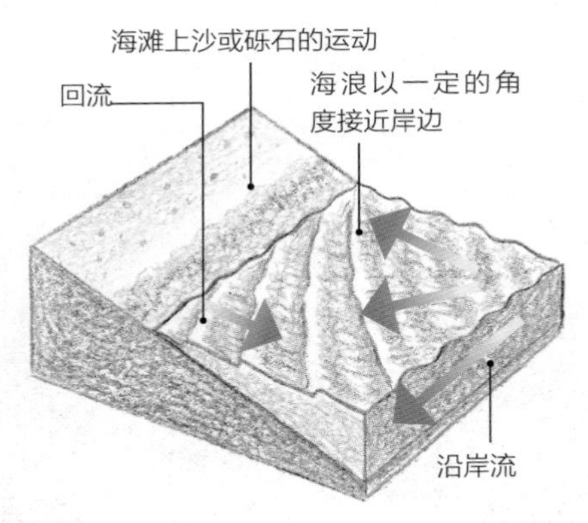

形成海浪

当海浪以一定角度接近海滩时，它们在较浅的水中会变慢、上升并聚集在一起。它们以向前的“激浪”运动向上流过海滩，以一定角度将沉积物带到海滩上，能量减少后回落。

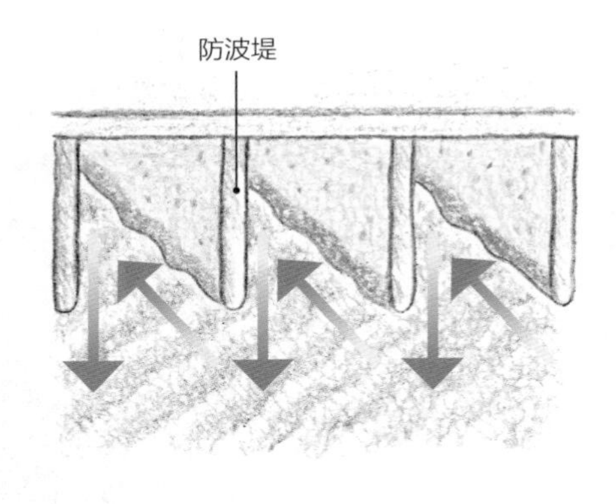

沿岸漂移

这种运动导致沙子和砾石颗粒被卷起并沿着海岸线沉积。防波堤通常建在重要的旅游沙滩上，以防止物质从海滩上被冲走。

像海滩一样，沙嘴也是沉积的表现，当海水带来的沙子和砾石的数量超过海浪带走物质的能力时就会形成沙嘴。沙嘴包括细长条状的沙子、砾石或两者兼有，从大陆伸出，通常延伸到海湾或河口。在沙嘴沿着海岸呈带状分布后，其背海一侧海水动力往往较弱，沉积物会在沙嘴后面沉积，使海湾淤塞。

布莱克尼角

这是英国北诺福克海岸布莱克尼角的鹅卵石沙嘴，照片清楚地显示了它的形成过程。每个砾石和沙子都是由长时间的强风和海浪将物质推回海湾带来的。植被已经开始在较早形成的、较稳定的沙嘴坝上繁衍和稳定下来。

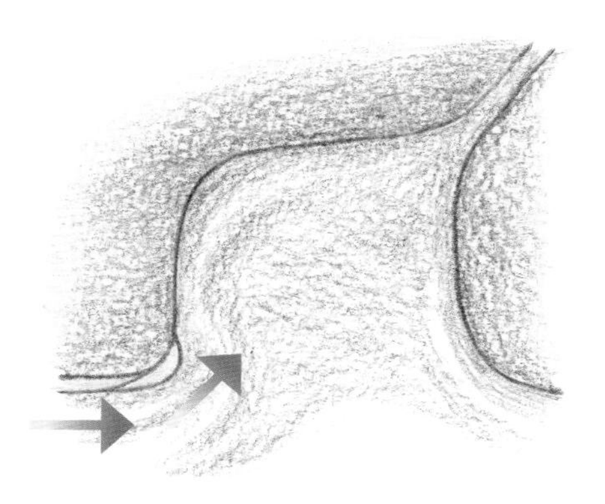

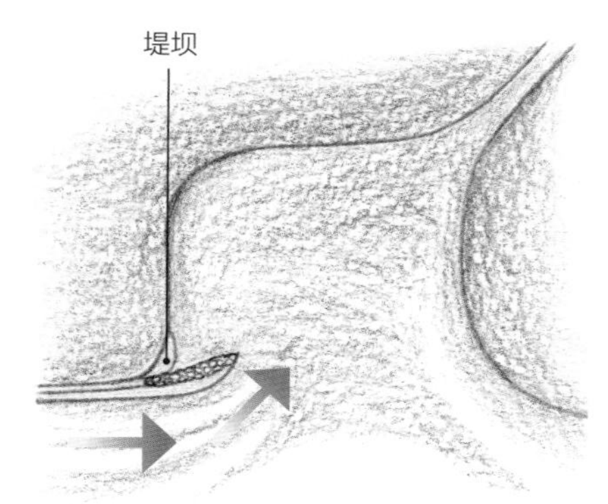

开始形成沙嘴

当沿岸流携带砾石和沙子经过旧岬角、将其沉积在水深变浅和流速变慢的地方时，便开始形成沙嘴。

风暴的力量

在风暴或极端高潮期间，大量的大鹅卵石和砾石被高高抛起，形成更耐侵蚀的堤坝。

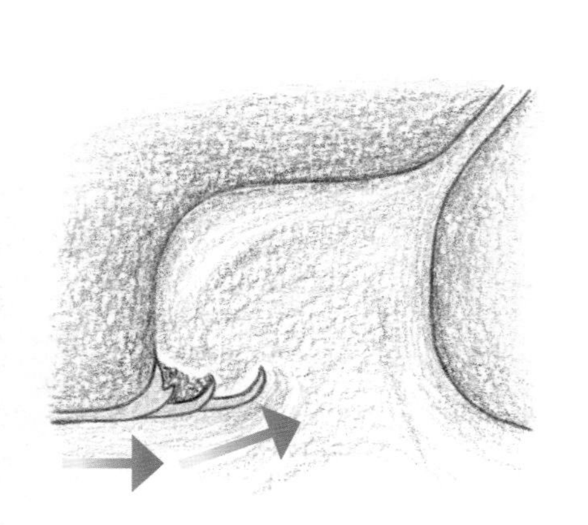

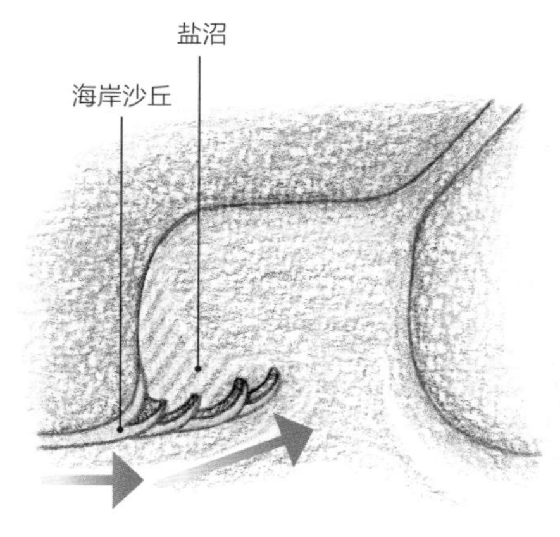

钩状沙嘴

随着时间的推移，沙嘴会继续发育，当涨潮和风暴期间的波浪发生偏转时，砾石和鹅卵石被沉积到海湾中，形成钩状末端。

海岸沙丘

退潮时，海滩上干涸的沙粒可能被风吹起并进一步沉积在陆地形成沙丘。植被生长并稳固沙丘。

海岸·沙坝和连岛沙坝

切瑟尔海滩

长长的切瑟尔海滩是一个沿岸沙滩——已经形成了连接波特兰岛和英国英格兰大陆的多塞特郡的连岛沙坝。

沙坝是沙子或砾石沉积在海湾的两个岬角之间形成的海滩。沙坝形成了天然堤岸，保护其包围的水域免受潮汐的影响，有时甚至完全包围一个海湾以形成潟湖。像所有海滩一样，沙坝也受到海浪的影响，在平静的天气中积累沉积物，在暴风雨中失去沉积物，海浪甚至可能会破坏沙坝。连岛沙坝是一种将群岛或岛屿与大陆连接在一起的沙坝。

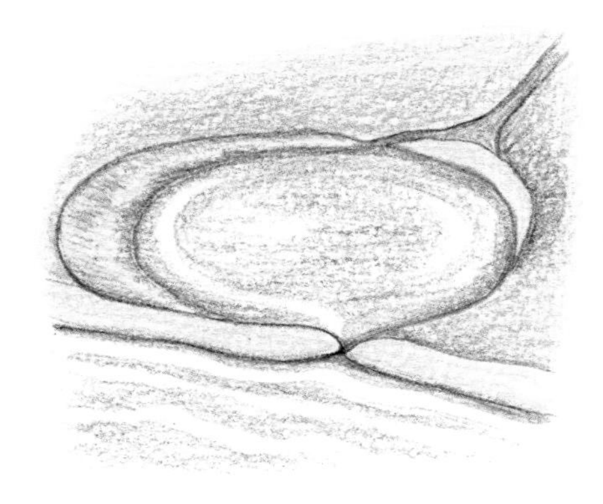

湾口沙坝

携带沙子和砾石的沿岸流可能会在海湾的开口处沉积物质，将两侧连接在一起形成湾口沙坝。

形成沙坝

就像沙嘴一样，当物质通过缓慢的水流沉积时，会堆积成沙坝或砾石坝。沿岸流使沙坝沉积方向与海岸平行。

连岛沙坝

连岛沙坝形成于两个陆地露头之间，例如大陆和岛屿之间，此处水流变慢，周围环境允许在它们之间堆积沙坝或砾石坝，由此将大陆和岛屿连接在一起。

障壁岛

在离岸的水下地形非常浅的地方，沙坝可能与海岸平行，形成一条障壁岛。如在美国东部和墨西哥湾沿岸。

珊瑚礁

澳大利亚东北部昆士兰海岸附近的大堡礁是世界上最大的珊瑚礁系统。它由 2900 多个独立的珊瑚礁组成。

珊瑚礁是在浅海、暖水海域中特有的沿海礁体。它们由石灰岩组成，是水栖生物如贝壳和珊瑚的分泌物中的坚硬部分层层堆积而成。珊瑚礁为许多生物提供了宝贵的栖息地，包括互生的、在死亡和腐烂时附着于珊瑚礁上的藻类。珊瑚礁可以沿着海岸线或与海岸平行形成，并由一个大潟湖与之隔开。最大的珊瑚礁是澳大利亚海岸附近的大堡礁。被称为环礁的岛屿也是由珊瑚礁构成。

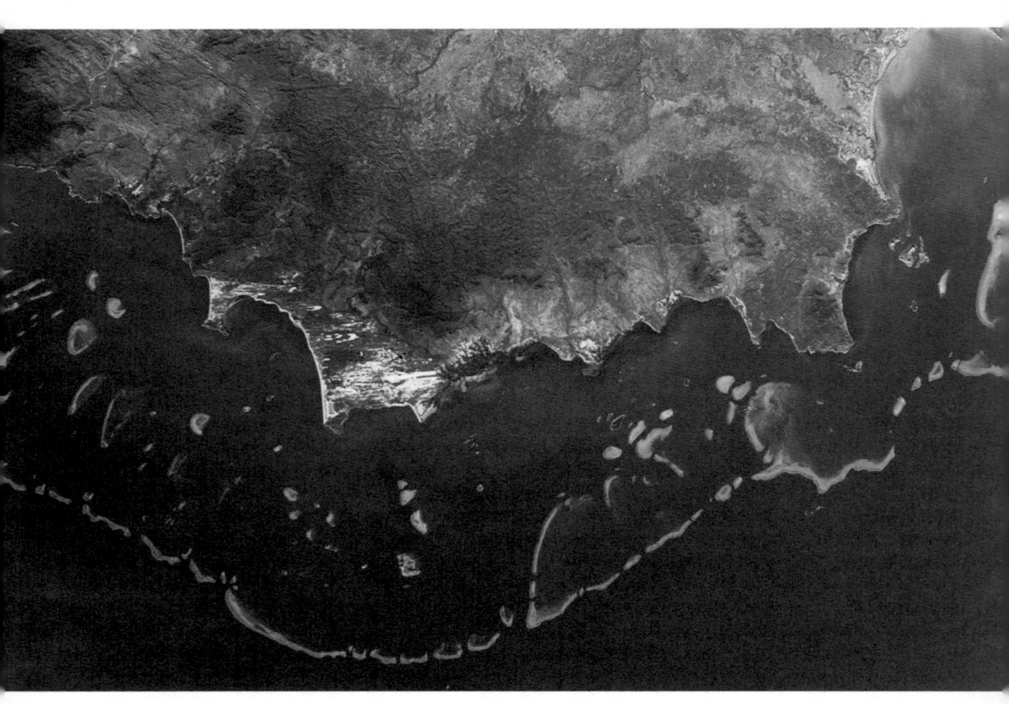

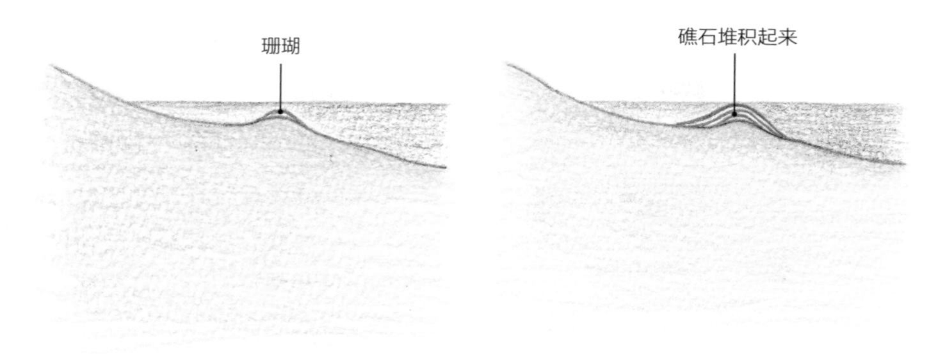

堆积礁石

当一种自由游动的动物（珊瑚虫）依附在岛屿或海岸线边缘的水下岩石上时，珊瑚群落就开始生长了。珊瑚虫无性繁殖，形成珊瑚群，逐渐向外扩张，形成吸引其他生物的珊瑚礁。最常见的珊瑚礁类型是裙礁，形成于海岸线上，并在远离海岸的地方缓慢堆积。

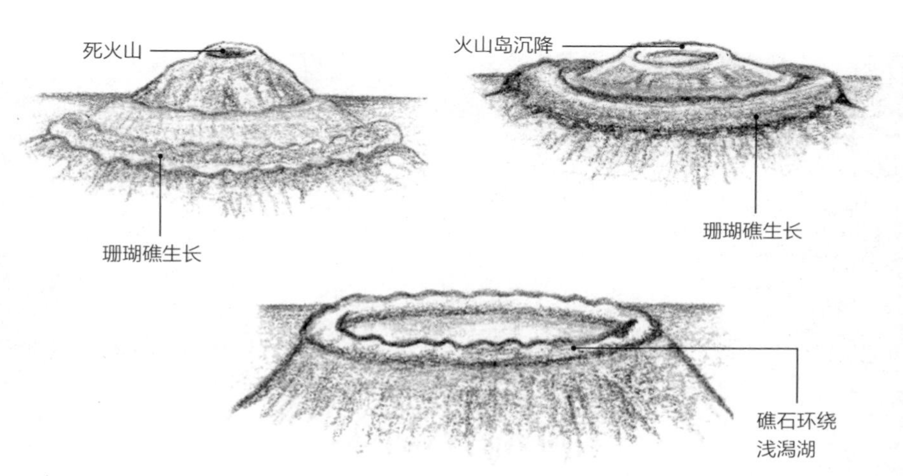

环礁

环礁是由珊瑚形成的圆形环岛，中央有潟湖。生物学家查尔斯·达尔文是第一个提出解释环礁理论的人，该理论至今仍然被认为是基本有效的。他推测在火山周围形成了一个珊瑚礁。随着时间的推移，火山岛沉降或者海平面上升，或者两者兼而有之，留下一个环状珊瑚礁，环绕着一个浅潟湖。湖床由原先珊瑚形成。

海岸 • 海平面变化带来的影响

被抬升的海岸线

麦克威瀑布位于美国加利福尼亚州的大苏尔海岸。瀑布从高出海平面的V形悬谷倾泻而下。这表明陆地上升的速度比河流侵蚀它的速度要快。

海岸线受到巨大力量的影响。板块运动可以抬高陆地，寒冷气候可以产生大量冰盖，吸收大量海水，降低全球海平面。此外，长时期温度升高会使冰盖融化，导致海平面上升，但也会减轻上覆冰盖的重量，导致地面再次上升。所有这些变化都会影响海岸景观。许多上升海岸以岩石峭壁为特征，悬崖顶上有古老的海滩。

下沉海岸

在前文中，我们了解到河口、河湾和峡湾是如何通过海平面上升、陆地下降或两者兼而有之而形成的。这些沿海地貌被称为下沉海岸。被淹没的丘陵景观变成了一组岛屿，山顶矗立在水面之上。

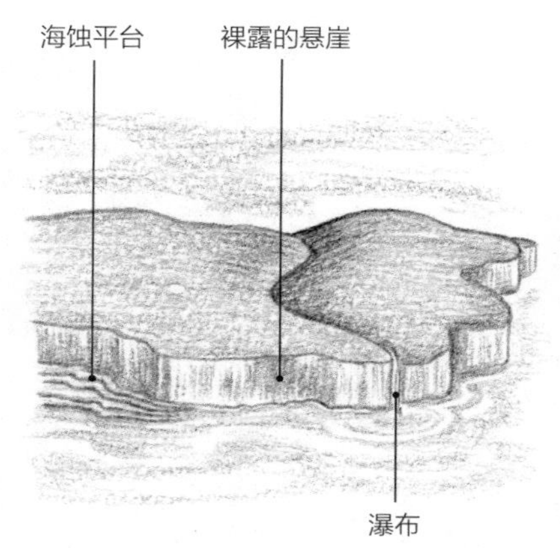

上升海岸

当海平面下降或陆地因构造运动隆起而升高时，就会出现上升海岸，例如美国的太平洋沿岸。这些海岸通常包括几个看起来像宽阔台阶的海蚀平台，表明过去海平面曾在更高的位置。

喀斯特景观

土壤和植被增加了流过和流经石灰岩水中的碳酸含量。岩石碎片的运动也有助于酸性水的侵蚀力发挥作用。

到目前为止，本书一直在根据地理位置而不是岩石成分来观察常见的景观所具有的各种地貌或特征。然而，我们应特别关注一下所谓的喀斯特景观。它们生长在下伏岩石易于溶解且具有渗透性的区域，例如石灰岩，并且会受到大量雨水和地下水的侵蚀。这些环境导致景观特有的可识别特征。

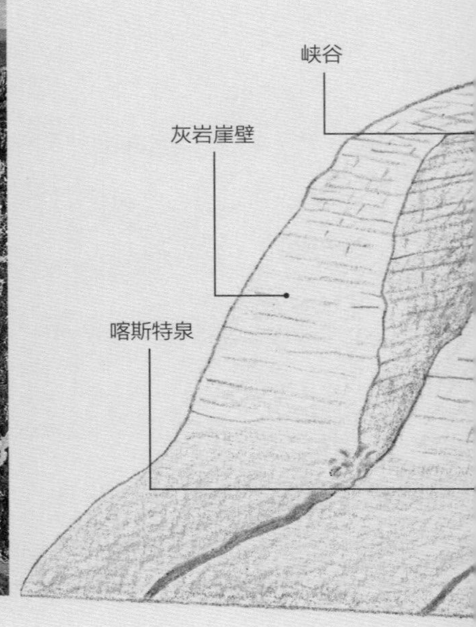

被溶解的世界

石灰石等岩石由数以百万计的小贝壳和海洋生物的骨骼构成，它们坚硬但具有渗透性，因为它们的各层都存在缝隙和裂缝。这些岩石也是可溶的，很容易被化学分解。雨水和地下水携带着高浓度的碳酸，当雨水落在岩石上时，其中的酸性物质会溶解石灰石。当水通过岩石向下排出时，就会将岩石溶解带走。所以地下溶洞、干谷、峡谷、洞穴和地表喀斯特等地质特征景观都是这种侵蚀作用的结果。

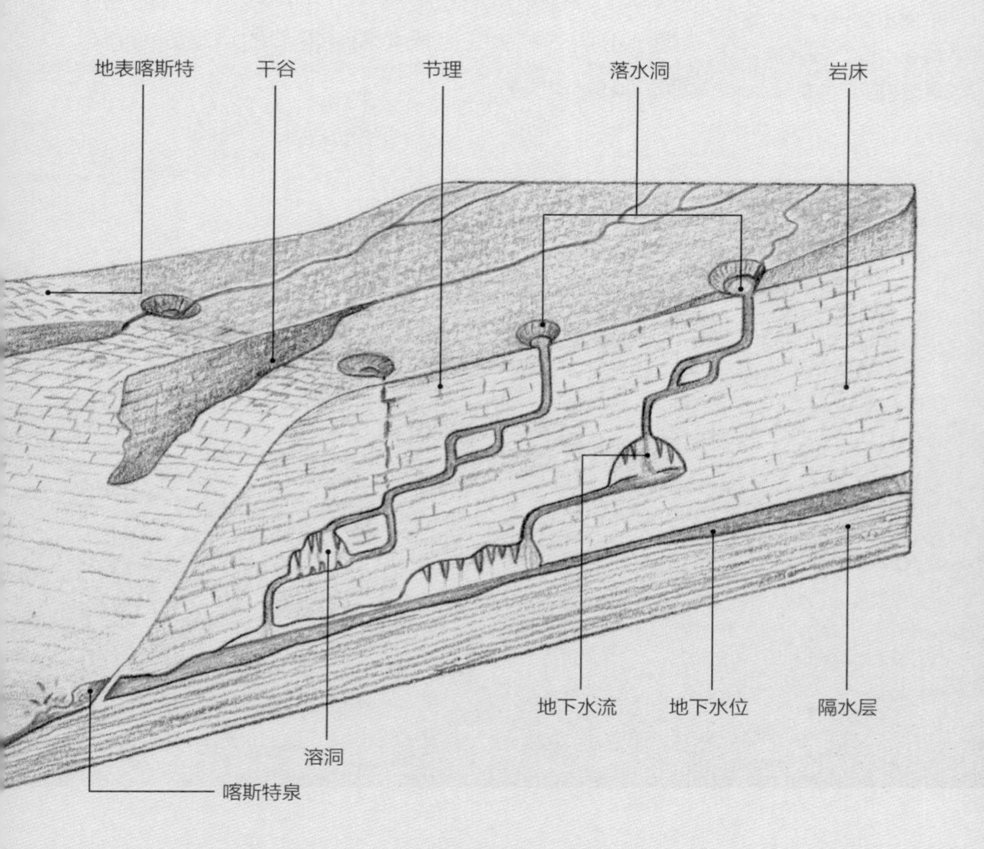

喀斯特地貌 • 喀斯特景观的形成及发展

石灰岩在喀斯特景观中占据主要地位。雨水逐渐溶解石灰岩，并利用裂缝和节理侵蚀石灰岩，此过程持续多年后形成喀斯特景观。随着时间的推移，地貌被重新塑造，逐渐降低到石灰岩下方的较低、更具抵抗力的岩石层。喀斯特地貌的发展周期通常被划分为四个阶段：幼年期（溶洞的形成），青年期（溶洞的扩大），成年期（溶洞的坍塌），老年期（山峰消失）。

喀斯特峰林

充足的雨水和大量的植被会侵蚀大片区域，留下突出的锥体或岩塔，如在中国广西壮族自治区阳朔所见的景观。

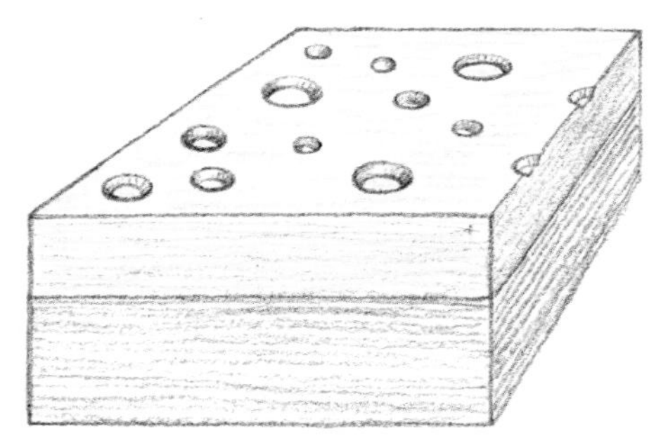

落水洞

随着水在岩石中渗入裂缝和节理、逐渐溶解岩石并深入地下，水会使这些竖向裂缝扩大形成竖直向下的落水洞。

大溶洞

随着时间的推移，水继续溶解岩石，使落水洞、漏斗等地貌扩大，同时地下开始出现溶洞。

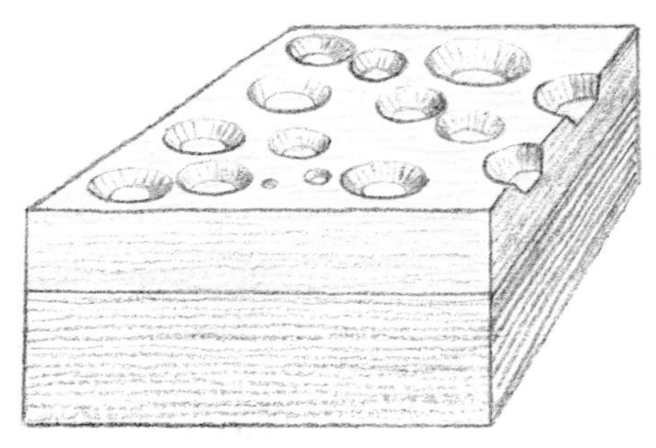

峰和谷

渐渐地，大型溶洞垮塌，未垮塌部分突起于地表，形成山峰。

孤峰平原

山峰因侵蚀风化而消失，仅剩少许孤峰构成孤峰平原。

喀斯特地貌 • 壶穴、溶洞和地洞

流水是石灰岩被侵蚀和风化的主要原因，无论是地上还是地下。我们已经看到水如何无情地利用大地的弱点，逐渐穿出一条下坡路线，从而尽可能快地流向较低的地面。在岩石耐侵蚀较差的地方也会发生同样的情况，例如喀斯特地貌。在这里，水沿着石灰岩的裂缝和节理流下，逐渐溶解岩石并形成大洞。

喀斯特泉

这个泉水是路易河的源头，从位于法国侏罗山脉的石灰岩悬崖脚下的一个洞穴中涌出。

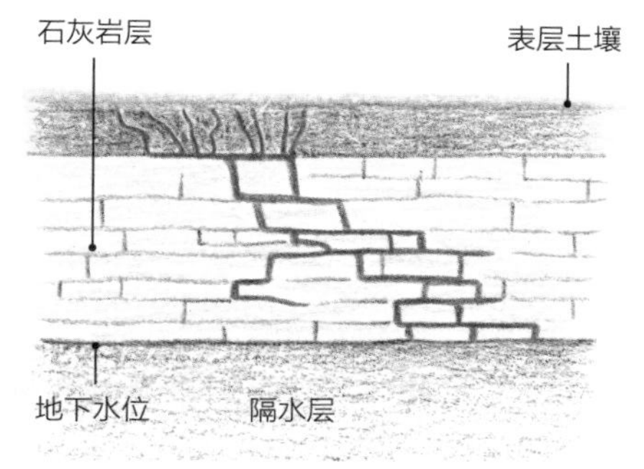

地下河

河流或地下水到达石灰岩层后，会迅速找到岩石之间的裂缝，并沿着层理面流动，溶解并侵蚀岩石。

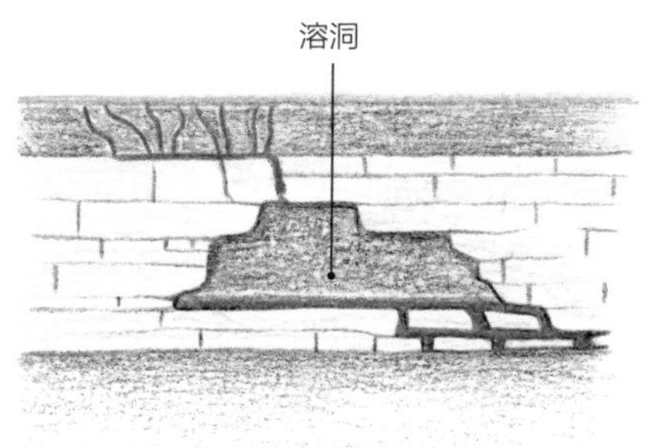

壶穴和溶洞

酸性水将裂缝扩大成为壶穴和地下河道。水聚集在地下，尤其是在洪水期间，会溶解和侵蚀岩石，形成溶洞。

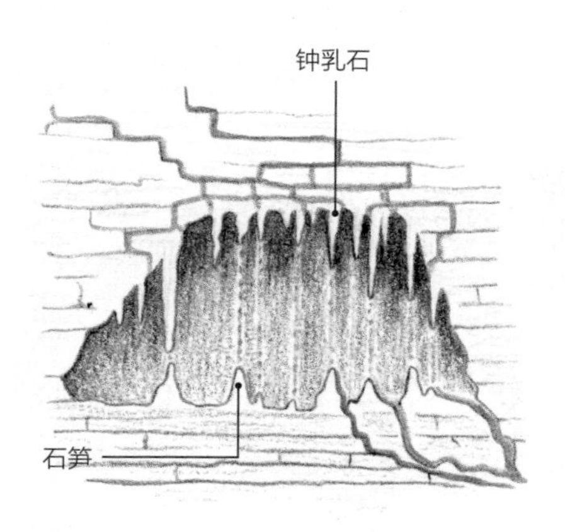

钟乳石和石笋

水中的碳酸与石灰石中的碳酸钙发生反应形成可溶于水的碳酸氢钙。当这种溶液滴入开放的洞穴中时，由于温度、压力的变化，溶液中的碳酸氢钙重新变为碳酸钙，固化形成钟乳石和石笋。

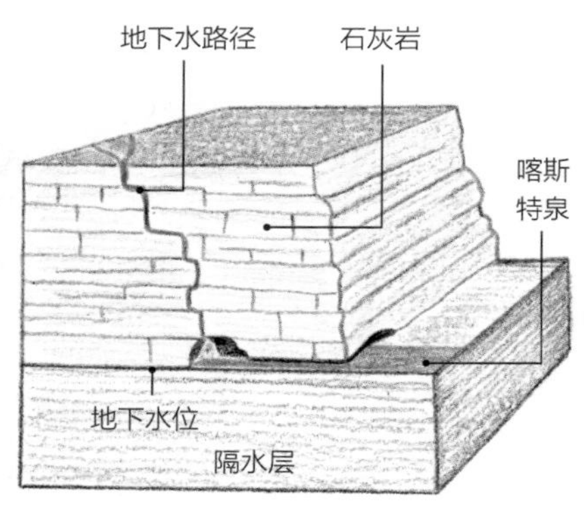

喀斯特泉

当地下水到达石灰岩下面的隔水层时，它会沿着该层流动，直到找到通往地表的路，这条路通常在石灰岩和隔水层之间的交界处。

KARST

喀斯特地貌 • 落水洞

落水洞是出现在石灰岩或喀斯特景观地面上的圆形洞，也称为漏斗。落水洞可能单独出现，也可能成群出现。在“年轻”的喀斯特地貌中，大量的漏斗表明地面最终会被侵蚀掉。您可能会遇到两种基本类型：水溶解并打通岩石的薄弱点从而形成的落水洞，或坍塌形成的落水洞。一些落水洞被沉积物堵塞，雨水无法下渗，因此在洞中形成了小湖泊。

落水洞

这个落水洞展示了水是如何溶解和破坏石灰石的。地面上的这些凹痕就是落水洞，水会从此下渗流入地下的溶洞中，这也表明水正在逐渐溶解下面的岩石。

水沿岩层下渗

溪流

裂缝之下

水流过或穿过地面而到达石灰岩层。如果各层成一定角度，水会侵蚀层理面之间的接缝和裂缝。

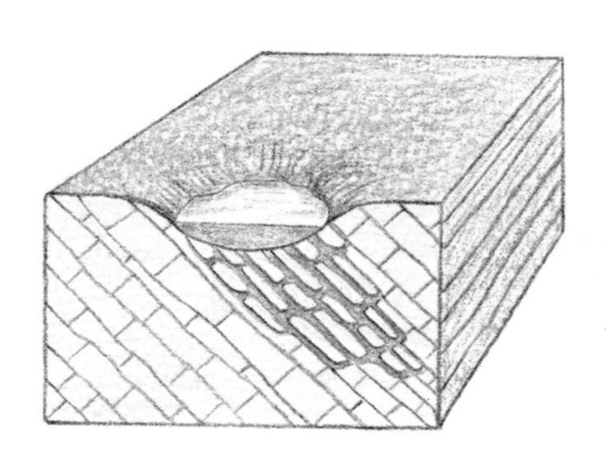

凹陷

水逐渐溶解石灰石，并通过地面向下流动，由此在地表形成一个凹痕，汇聚了更多的水。

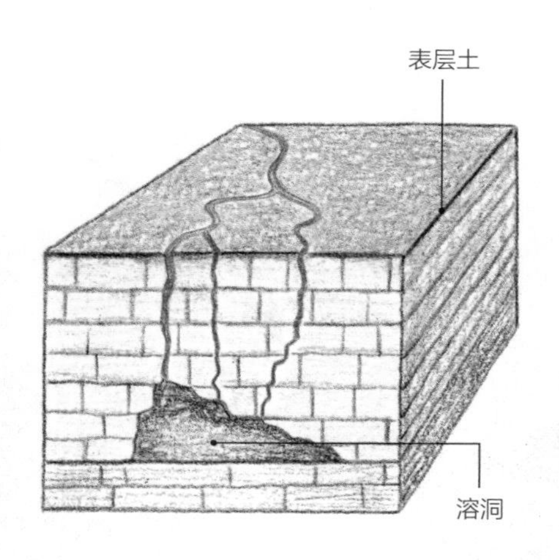

地下溶洞

当地下水渗入土壤和岩石的上层时，它会溶解并扩大石灰岩中的裂缝，从而形成地下溶洞。

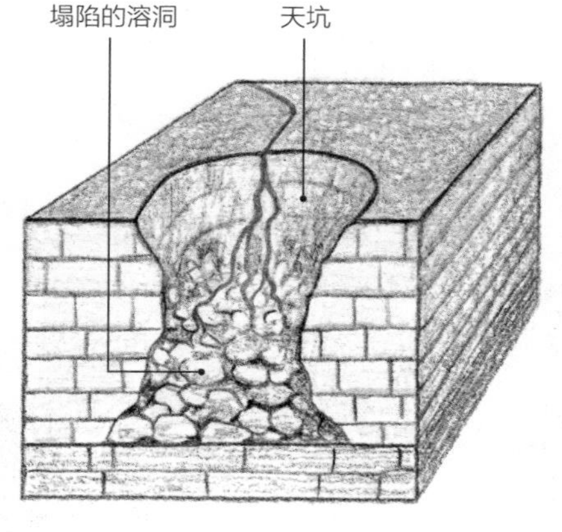

坍塌

上面的土壤和岩石逐渐被冲走，直到地面突然塌陷，落入地下溶洞，若塌陷规模足够大，就形成了天坑。

石灰岩的另一个代表性景观是天生桥。它们的形状和大小各不相同，但本质上都是被流经岩石的水流侵蚀而成隧道状的残余物。它们是我们在前文提到的溶洞或地洞的后期发展。它们能够标记地下溪流最初出现的位置，即在石灰岩层和较低的不透水岩石层之间的、穿过悬崖底部的位置。

天生桥

这是法国南部阿尔代什地区的蓬达尔克天生桥，是一处受欢迎的旅游景点，当被侵蚀的岩石不再能支撑其自身重量时，天生桥最终会倒塌。

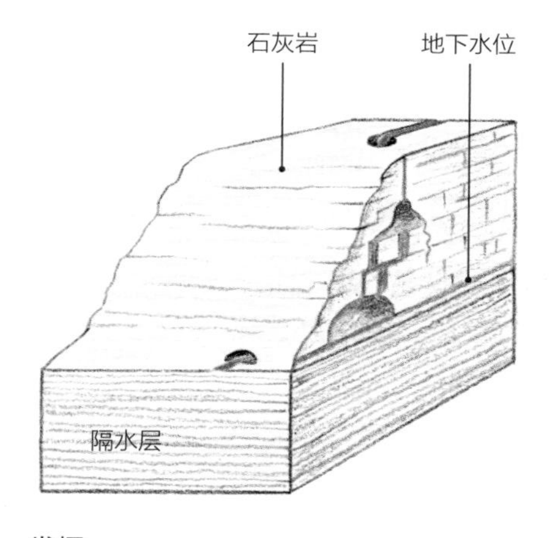

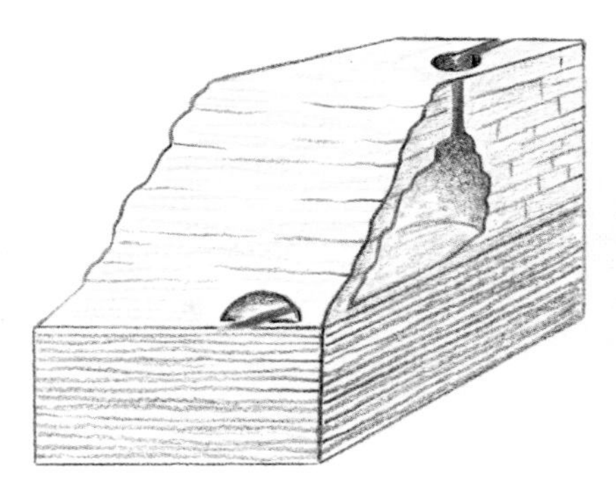

发掘

正如我们已经看到的，水在石灰岩层中流动到地下，通过溶解和侵蚀形成地下河道和洞穴。

多孔的岩层

在洪水时期，大量的水充满洞穴，溶解岩石并带走碎片，加速侵蚀过程。

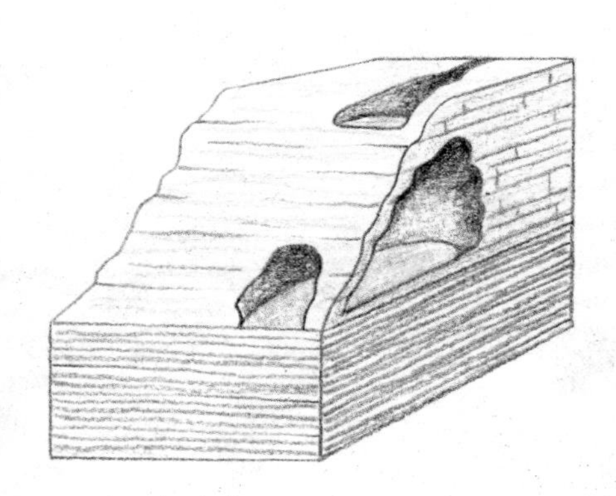

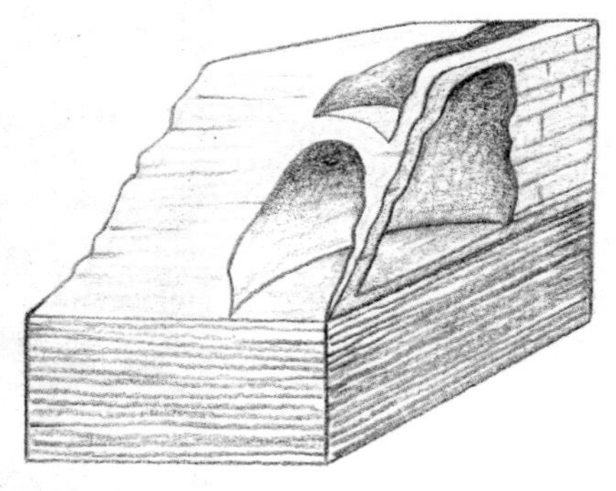

洞穴的宿命

随着水流溶解和侵蚀岩石，地下洞穴扩大，直到不再有足够的强度来支撑洞穴顶部，洞穴就会坍塌。

天生桥

天生桥是早先地下河道的遗迹，直到有一天拱变得太弱而无法承受自重，就会坍塌。

一些石灰岩裸露的区域，有着长长的裂缝和马赛克状的平顶石头，类似于人造路面。由于诸如冰川等作用力移除了表层覆盖的土壤，石灰岩层被暴露在雨水中。然后雨水利用石灰岩中的接缝和裂缝，沿着裂缝溶解岩石，形成溶沟网络。

神奇的路面

这是英国约克郡著名的石灰石地表。岩石之间的裂缝正在慢慢扩大，您可以从石灰石块的质地看出雨水的风化作用。这些裂缝为稀有植物提供了栖息地。

暴露的岩层

当冰川融化时，石灰石表面的土壤被刮掉，灰岩面被暴露在自然环境中。水从岩石的裂缝和接缝处渗入。

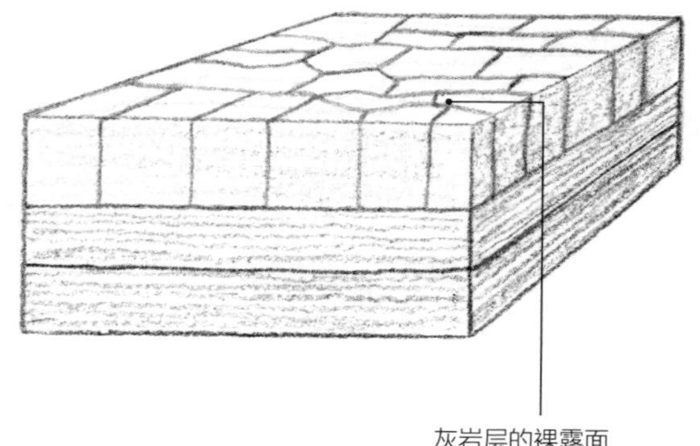

溶解

水中的碳酸与碱性石灰岩发生反应，石灰岩被溶解成碳酸氢钙溶液，流动的水携带这些颗粒沿着裂缝向下冲入岩石中。

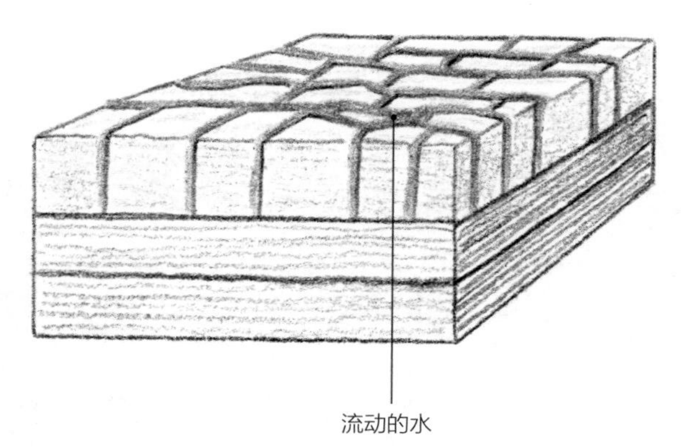

时间的裂缝

随着时间的推移，水中的碳酸与石灰岩的化学作用会扩大裂缝（称为交叉裂缝），而雨水风化了凸起的石灰岩（称为岈），并降低这些岩石的高度。

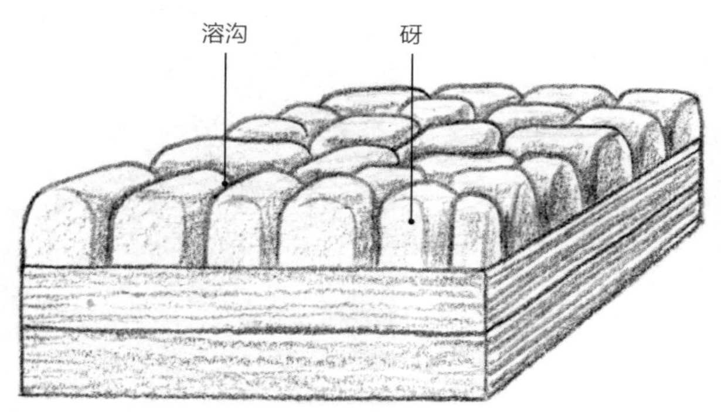

OTHER LANDSCAPES

其他种类的风景 • 引言

在地球的不同地区发现了各种类型的风景，这些风景因其岩石类型和构造活动的不同而不同。下面将介绍这些类型的风景。例如，热带地区平均气温高，降雨频繁且降雨量大。世界各地的许多地貌曾经形成于热带地区，并随着地球构造板块的移动而迁移到其他地区。

完全的热带

最著名的热带地区是南美洲的亚马孙河流域和中非的刚果盆地。其他热带地区包括马来西亚、印度尼西亚和越南南部。人们认为一些热带地区的高湿度和降雨量是形成许多低地势平原的原因，这些平原受到河流的严重侵蚀，并被大量沉积物所覆盖。

热带海洋

英国的一些石灰岩岩层显示，在海床上层层沉积形成化石之前，古老热带海洋中的生物（包括珊瑚）是多么丰富。

沼泽

大面积的湿地形成于热带条件下，例如红树林沼泽。红树林的根系使得淤泥在有机沉积层中堆积，随着时间的推移在地下深处形成煤层和天然气层。

山峰

热带地区的强降雨导致我们在喀斯特景观中看到的极端的被分解和被侵蚀的地貌。在这里，大量的生物活动提高了水的酸度，有助于岩石分解。

平原和岛山

极端和长期的侵蚀和沉积作用形成了平坦的景观平原，特别是在构造稳定的地区常见此种地貌。剩余的山丘或露头，称为岛山，可能会保留下来。

与热带地区一样，沙漠风景也有很大差异，可能包括冬季气温远低于零度的沙漠、高海拔的“寒冷沙漠”、多石或岩石沙漠以及有足够的水分来维持有限的植被的半干旱沙漠。这些地区的共同点是缺乏定期降雨。这意味着干燥的地面和岩石会遭受沙漠特有的破坏和侵蚀。

风蚀蘑菇

这些奇异的蘑菇状岩石位于美国新墨西哥州比斯蒂荒地，显示出风蚀的迹象，风蚀使它们的底部变得圆润，并导致岩石破裂。“剥落”的岩石受到了渗入其表面的水分和盐分的侵蚀，这些岩石在温度高时膨胀并在温度低时收缩，被逐层分解开来。

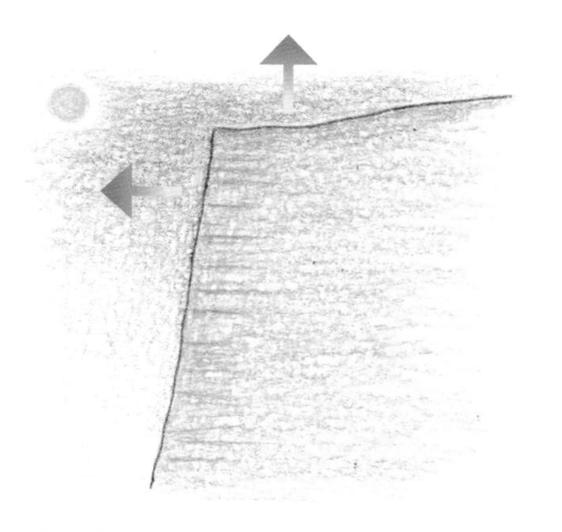

岩石分解

在沙漠里，天空通常万里无云，岩石表面暴露在极端炎热的温度下。白天，太阳加热岩石表面，于是岩石会膨胀。

形成裂缝

到了晚上，尤其是在冬天，温度会下降到零度以下。由于膨胀和收缩，岩石表面形成裂缝。

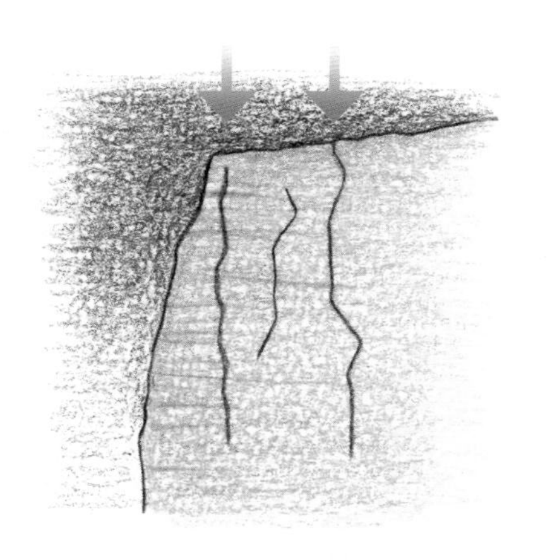

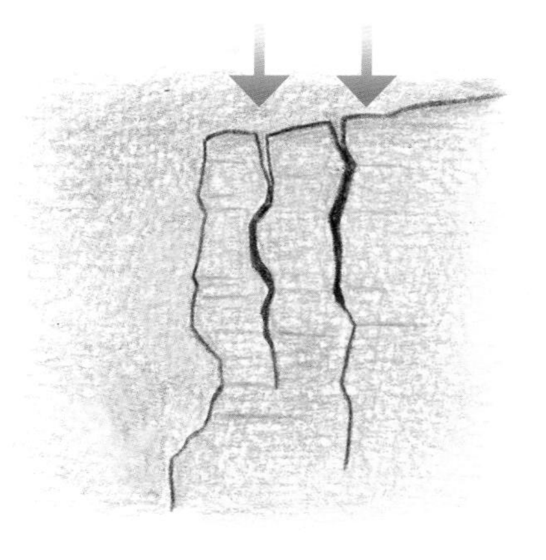

露水

夜间温度迅速下降会导致露水形成，露水会渗入岩石表面的裂缝中并与它发生化学反应，同时也会随着温度变化而冻结或融化。

盐分结晶的撑裂作用

露水中的盐分也会侵蚀岩石表面。当水蒸发时，盐会形成晶体，这些晶体会膨胀并破坏岩石表面裂缝。

由于没有规律的、大量的降雨，许多沙漠地区受到风的侵蚀作用，风携带干燥的沙子和岩石颗粒磨损岩石表面，逐渐侵蚀岩石。细沙颗粒被风吹起并被带到很远的地方。这些颗粒的运动在沙漠中导致了几种侵蚀和沉积的地貌特征。

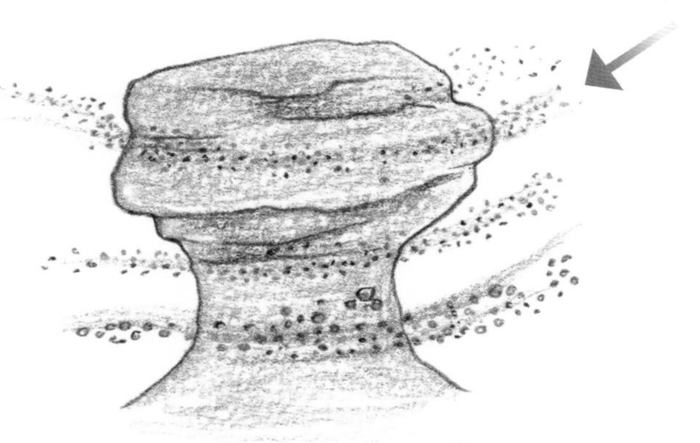

风的侵蚀

来自露水的盐粒冲击岩石表面，使其变得松散。岩石碎片和沙子被大风卷起并带走，磨损岩石并剥去它们的表面。

空洞

有时露水或咸水会沉淀，并将地面分解成块状，使其变得松散。松散的颗粒被风带走，地面上则形成凹陷。这个过程称为风蚀洼地。

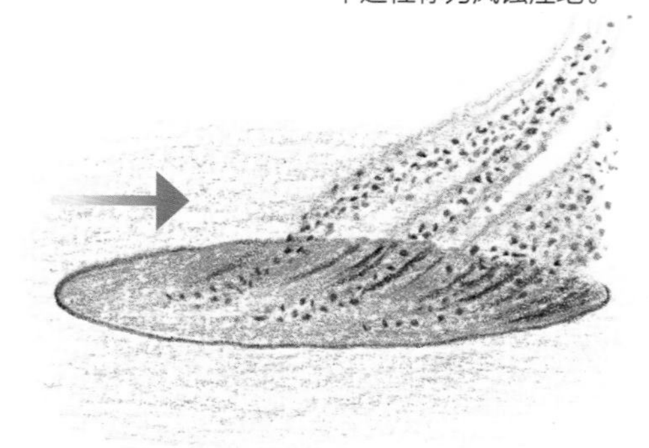

新月沙丘

纳米比亚的纳米布沙漠中弯曲的沙丘或线性的沙丘揭示了沙漠风可以沉积细沙粒这个现象。沙丘表面的涟漪显示了沙子如何被从图片左侧吹来的风吹上沙丘的斜坡并越过陡峭的边缘。

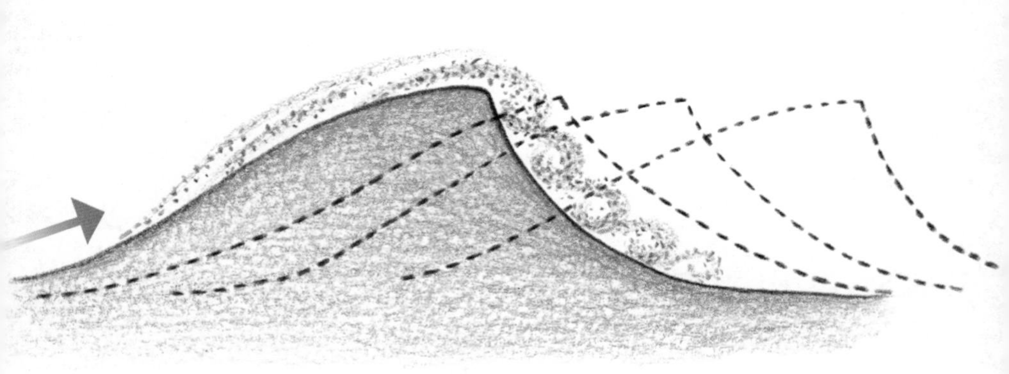

沙丘

随着风速变慢，沙粒成堆地落到地上。沙子在大片区域积聚并形成沙丘，有时可达数百或数千平方公里。沙丘通常围绕地面上的岩石或物体形成，其形状由风速和风向以及其他因素决定，比如沙子和植被的数量以及地表类型。持续的风不断地重塑和移动沙丘。

正如我们已经知道的那样，沙漠中的降雨是罕见且不可预测的。然而，这种情况在过去发生过，现在仍然会发生，通常是突然的倾盆大雨，这也会影响风景的形态。许多沙漠包含旱谷，其陡峭的沟壑是由山洪暴发造成的大而湍急的河流形成的。如果没有植被，水会冲走大量已经被严重风化和侵蚀的岩石碎片，将它们进一步分解并沉积在平原或旱湖滩上。

有水的旱谷

摩洛哥沙漠中的一条旱谷或沟壑里流淌着水。昔日洪水泛滥时，河水切割山体而成旱谷。

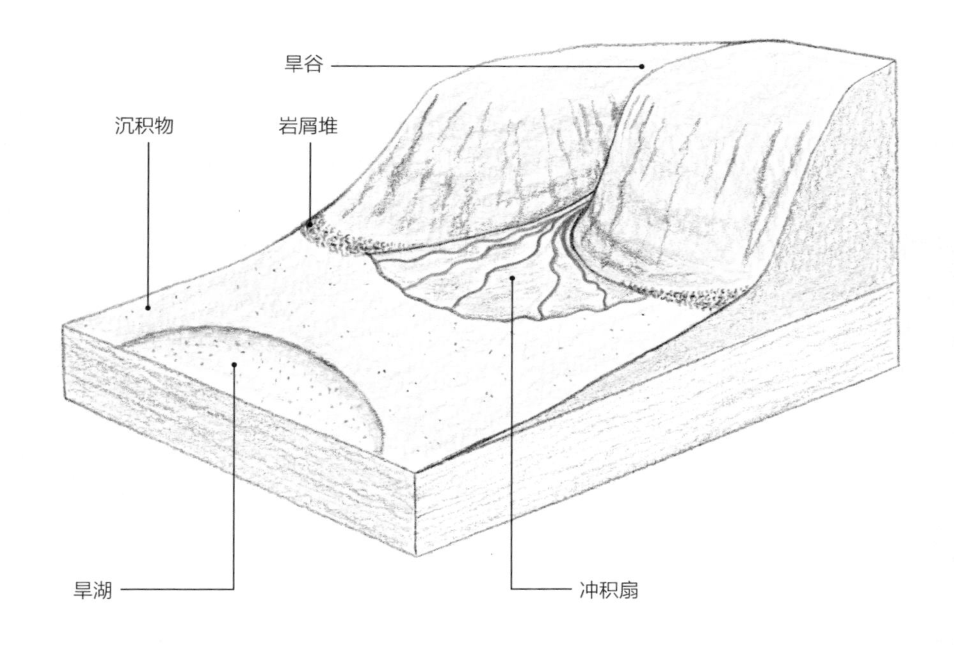

旱谷、山足面、旱湖

在有些沙漠中，确实会存在一些常年流淌着的河流。这些河流大多起源于沙漠之外，流向内陆的低洼处。然而，大多数情况下，河流只是会在暴雨期间间歇性或季节性流动。因为地表已变得不透水，水无法渗入干燥的地面。地面上也只有稀疏的植被来吸收或偏转水流。如果雨水在相对平坦的地表面上大量落下，就会产生片状洪流，将沙子和砾石席卷而去、携带并沉积在沙漠地面上。然而，若岩石存在裂缝，在水流侵蚀下，很快就会形成陡峭的峡谷，称为旱谷。尽管人们认为旱谷最初是在降雨更频繁、降雨量更大的时期形成的，这些旱谷大部分时间都是干燥的，但偶尔会发生不可预测的山洪。在旱谷的出口处，通常会有一个冲积扇散布在斜坡上，这是一个平缓的、被切割而成的岩石斜坡。风化作用、坡地重力作用和片状洪流作用反复进行下去，结果就使山坡不断地平行后退，因而在山麓形成一种缓缓倾斜的平整基岩面，土覆薄层松散堆积物，称为山麓剥蚀面，或简称山足面。山足面之外是一片平坦的平原，在偶尔的暴雨期间可能会被淹没。水蒸发后留下干燥且破裂的淤泥、黏土或盐类形成的盐壳，称为旱湖。

冰缘景观（微观）出现在地表大部分时间被冻结成固体的地区。如今，这些地区存在于高纬度地区，主要位于加拿大北部、美国阿拉斯加、俄罗斯、格陵兰和挪威。这些地区的年平均气温低于 –5°C，夏季非常短暂。这些条件导致风景中出现特殊类型的特征，其中一些特征可能就存在于过去冰河时代曾经受到类似条件影响的地区。

冰缘石环（右页照片）

这种类型的石头图案是冰岛永久冻土表面的典型特征。石头被冻胀作用带到地表，形成多边形或近圆形的冻土地貌。

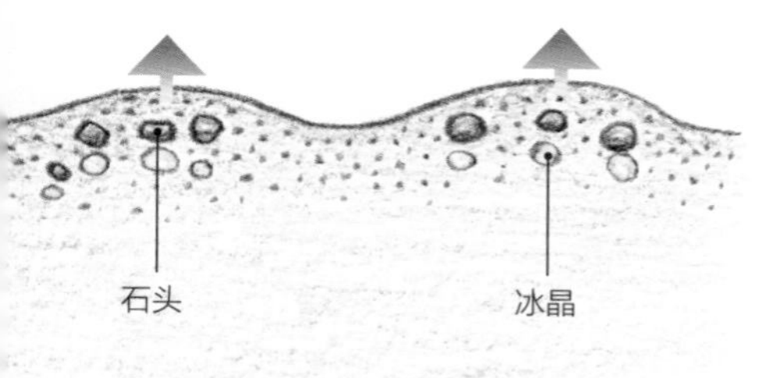

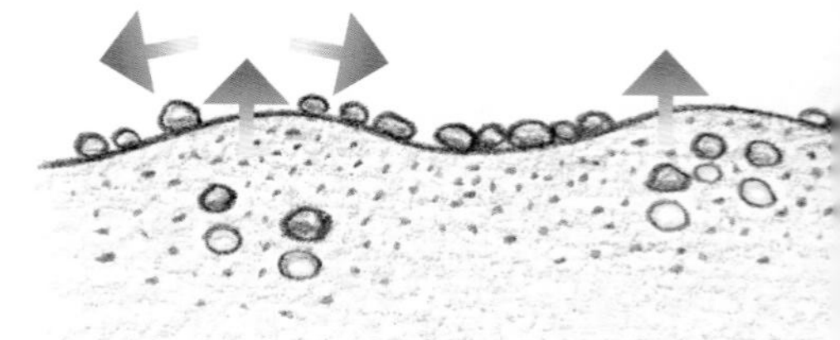

冻胀

当地面处于非常低温环境时，会发生一种称为冻胀的现象，这种现象涉及多个过程。随着细土结冰、膨胀，会在地表形成小圆丘。同时，石头比周围的土壤更容易传导热量，所以这里的温度更低一些，因此在石头下面形成的冰晶会将石头推到地表。当温度升高且土壤解冻时，细土会滚动到石头下，阻止它们落回。反复的冻融作用使不同重量的石头发生分选，较重的石头逐渐向外移动到土壤圆丘的边缘，从而在地表形成多边形条纹的图案。

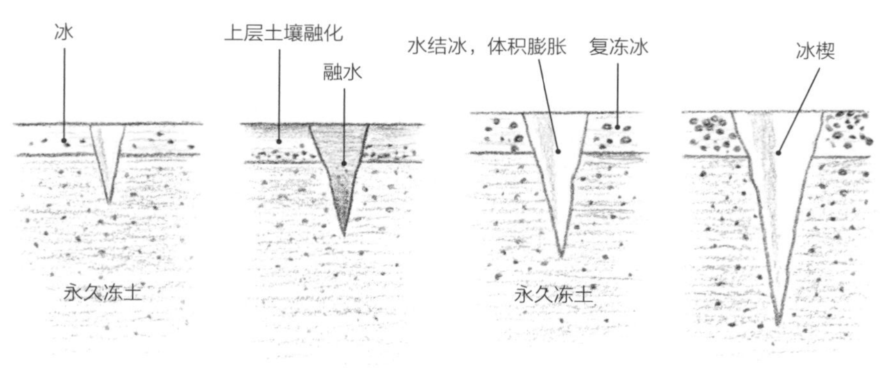

自冬入夏

地面冰楔的形成也可以产生多边形图案。当较粗的土壤颗粒被冻结时会收缩，从而导致地面出现裂缝。当地面在夏季解冻时，这些裂缝会充满水和细小的沉积物。

随后数年

水在第二年的冬天再次冻结，导致裂缝扩大。随着时间的推移，裂缝中形成的冰楔变得更大。随着该地区变暖和冰融化，地面裂缝为砂土所填充，形成了冰楔假型，称为砂楔。

在北极的夏季，冰、霜、雪的解冻会对冰缘产生影响。我们已经看到，地下水分冻融能够在地面上形成图案。在更大的范围内，这个过程会产生丘陵和凹陷。雪块侵蚀山坡，霜冻侵蚀岩石形成岩屑坡或岩屑堆。解冻过程还可能导致山体滑坡，进而塑造未来的景观形态。

冰丘

在加拿大西北地区的苔原景观中，有一个冰丘（一个覆盖着土层的冰丘）。一个透镜状的冰核在土壤下面膨胀，这个冰核最终会坍塌，在山上形成一个火口状下陷。

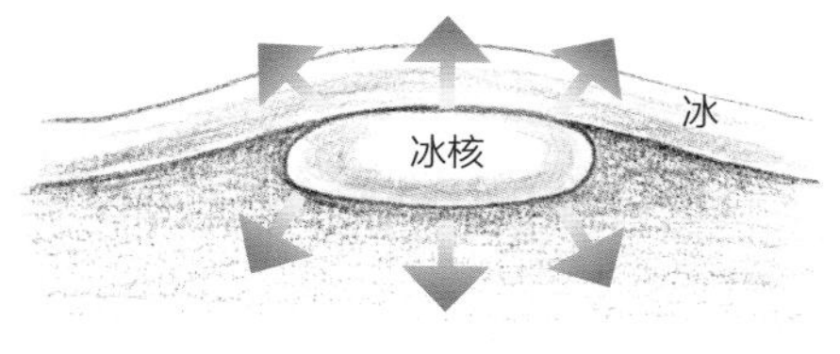

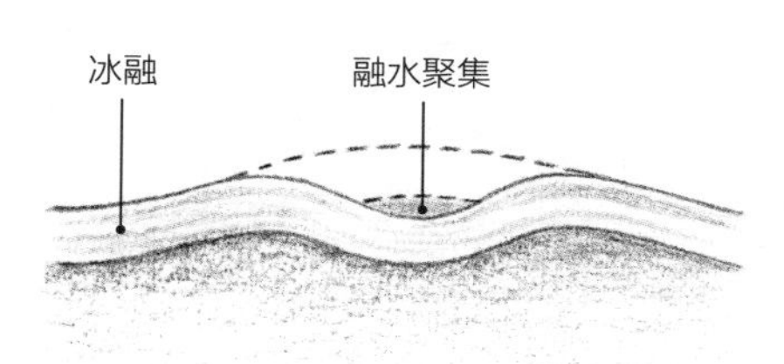

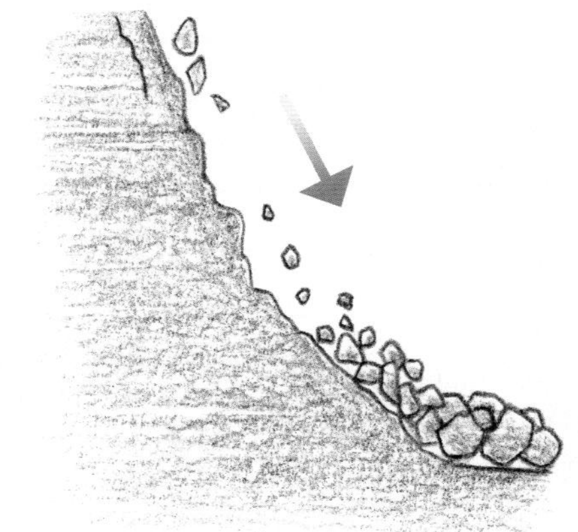

冰丘

如果水被困于地表上或恰好被困于地表之下、并冻结成固体，就会形成一个大冰核。冰核逐渐膨胀，形成一个土丘，这个土丘会上升到冰块上方。

霜冻

反复冻融的循环作用非常有效地将岩石破碎成大的、带尖角的碎片，通常会在岩石斜坡脚下形成含有锋利碎片的岩屑堆。

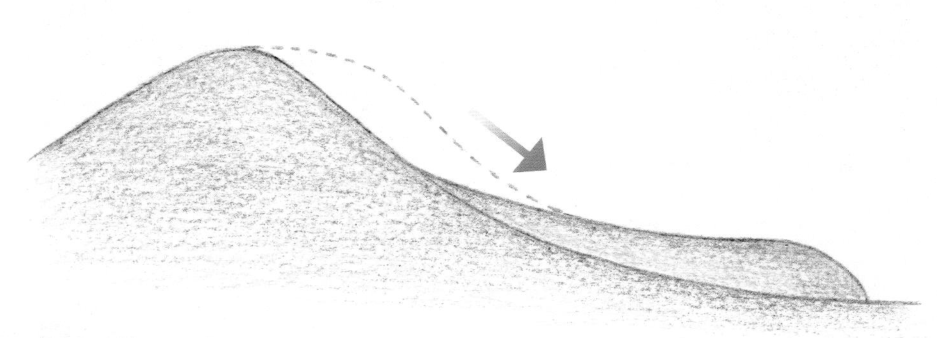

融冻泥流

当上层土壤在夏季解冻时会变得充满水分。在地表之下的较低的土壤层仍然是冻结的、不透水的。上层土壤的流动性更强，会从冻结层上方的斜坡滑下。这个过程被称为融冻泥流，这在冰缘地区很常见，会在斜坡和山谷两侧引起大的滑坡。

“间歇泉”的由来

史托克喷泉每 10 分钟喷发一次，喷出一股高达 35 米的热水和蒸汽的混合物。它位于冰岛的盖锡尔（Geysir），间歇泉（geyser）这种现象由此而得名。

由于构造活动的存在，世界的某些地区仍然非常不稳定，例如美国的黄石公园或冰岛的部分地区。这些地区显示出火山活动的迹象，会有岩浆上升到地表或发生地震。通常这些构造动荡地区会带来地热景观。这种景观是由地下水与地下热岩浆或与被上升岩浆加热的岩石接触而引起的。

炽热的岩石

地壳裂缝出现在构造板块边缘或附近，此处的岩浆上升，并加热了附近其他的岩石。雨水落下，穿过岩石层渗入地下。这些地下水会流到被加热的岩石或岩浆里。在地下深处，水在更大的压力下被加热，这意味着它要在比地表高得多的温度下沸腾。水会变得过热并上升到地表。水越接近地表，压力下降得越多，于是水被蒸汽推动形成喷射流，通过岩石裂缝到达地表，形成间歇泉。随着压力和水的释放，喷射流消退，水落回地面，再次开始渗入地下。然后循环重复此过程。温泉是从地下缓慢而连续地注入热水，而喷气孔则是喷射出上升到地表的蒸汽和其他气体。

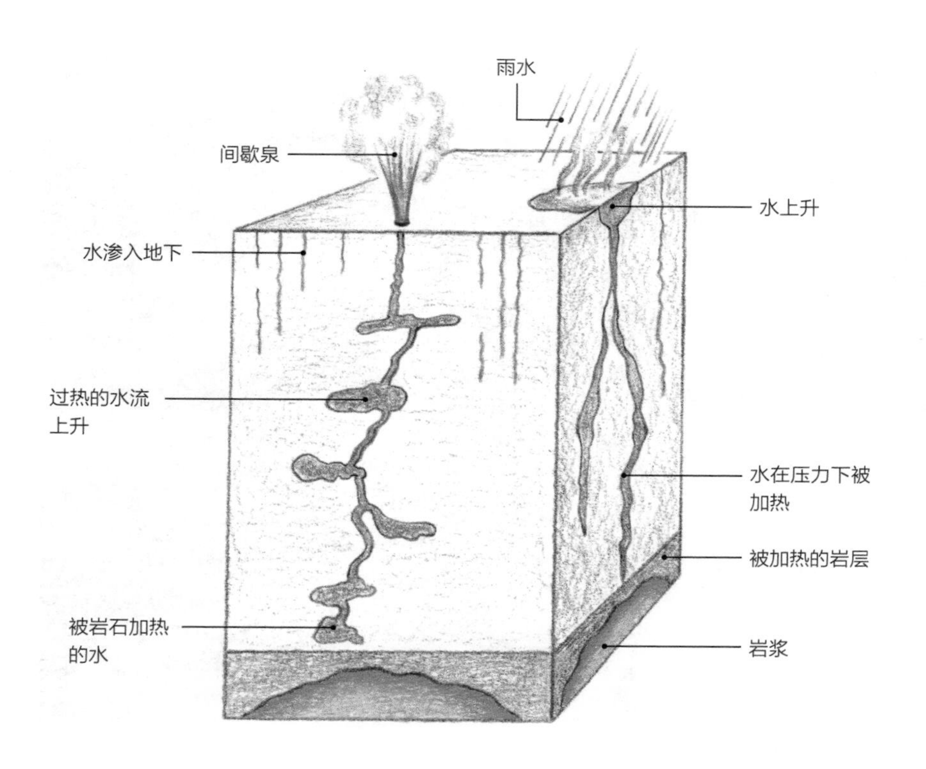

ARTIFICIAL 人造风景 • 引言

在本书中，我们一直在讲述自然过程是如何影响风景形态的。然而，几乎一切的风景也受到人类行为的影响。在本节中，我们将研究诸如农业、运输等人类活动是如何塑造风景的。

被重塑的风景

我们今天看到的很多风景都受到人类活动的影响。人类为充分利用所有可用资源，对风景进行了改造。从河流改道、建设交通系统、发展农业、砍伐树木或种植树木，到开垦土地进行开发以及建造海堤抵御海岸侵蚀，我们为了自己的利益而改造了土地。

人类景观

自人类出现以来，景观发生了许多变化。人类早期文明中出现了小型住宅结构和农庄建筑。在战争和动荡时期，通常在防御工事内，这些农庄被人类重建以创建更大的城市区域。随着政治和经济的稳定，同时作为工业化的产物，对土地保护的需求让位于建设住房、工业生产场地以及货物和农产品运输设施（包括港口、运河和道路）的需求。

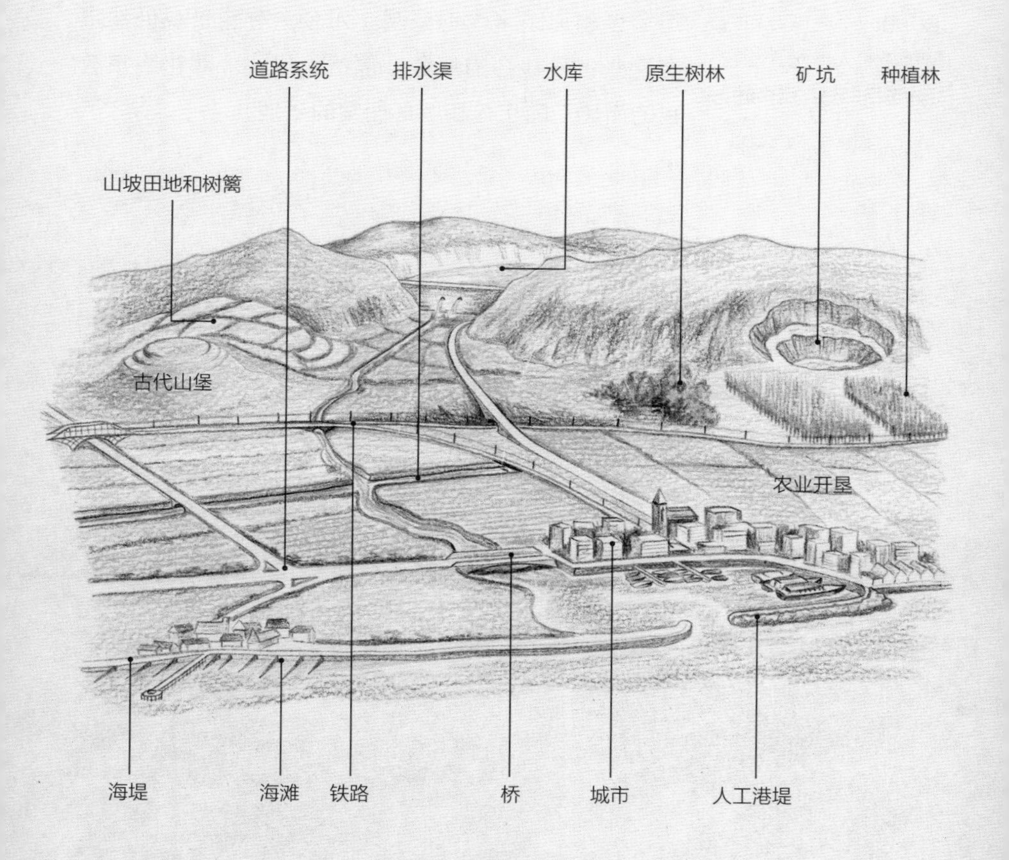

锡尔伯里山

英国威尔特郡的锡尔伯里山约建于公元前 2400 年，是与埃及的金字塔同时期建造的。锡尔伯里山是一个由砾石和白垩建造的人造土丘。它的建造目的仍然是个谜。

随着早期社会的出现，人类开始寻找居住、耕种和饲养牲畜以及保护自己的地方。起初，人们利用自然风景中可用的地方，如洞穴、山丘或岛屿，但随着时间的推移，随着社会的发展，人们通过建造墙壁和道路来改造景观。如今，有些景观仍然带有这些古代社会的痕迹，包括为仪式、葬礼或宗教目的而建造的土丘和圆形图案的土地。

古代居所

许多早期的人类居所由成组的小圆屋组成，这些圆屋由木材、荆条和泥土建成。他们在地上留下圆形的建造痕迹很难辨认出来。在木材不太常见的地方，古人使用石墙建造。

防御工事

越来越多的人为了安全而聚集在一起，他们经常在天然山丘上建造土墙和围栏以保护自身。古代城市也使用巨大的城墙来保护市民。

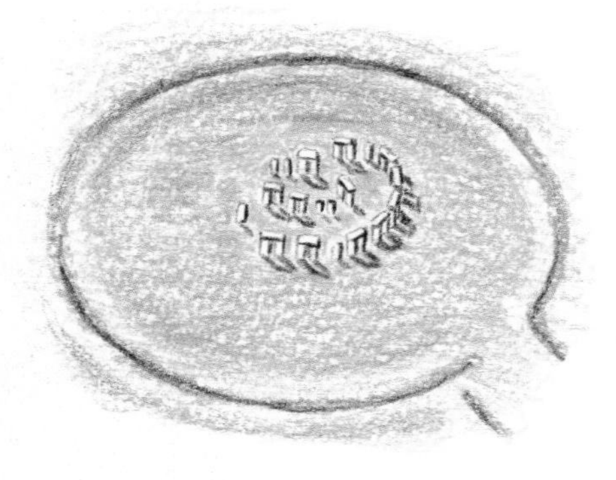

农业

在欧洲的许多地方，包括英国，现代田间系统仍然遵循中世纪早期农民耕种的方形田地模式。在山坡上耕作形成了堤坝和梯田。

仪礼和葬礼景观

许多人造构筑物包括英国威尔特郡著名的巨石阵都是为了仪礼性的目的而建造的。还有些人会建造土丘或墓室来埋葬死者。

正如自然景观的形成，城市也是在外力作用下逐渐演变而来的，但演变的时间要短得多。出于社会、经济和政治原因，人类聚集在一起生活了12000多年。早期的城镇和村庄选址靠近自然资源（如河流或天然港湾），或选址在防御的有利位置。一个地区的政治稳定和经济增长通常会刺激城市人口的增长，也会刺激城市基础设施的建设。

伦敦塔

这是今天的英国伦敦，城市规模庞大。伦敦塔位于这张照片中心的右下方，这座塔式城堡最初建于 11 世纪，位于古罗马城墙内，用于守卫这座城市。在 13 世纪城市扩展到了城墙之外。现在城墙的所有遗迹都消失了，但城堡仍占据着泰晤士河上的显著位置。

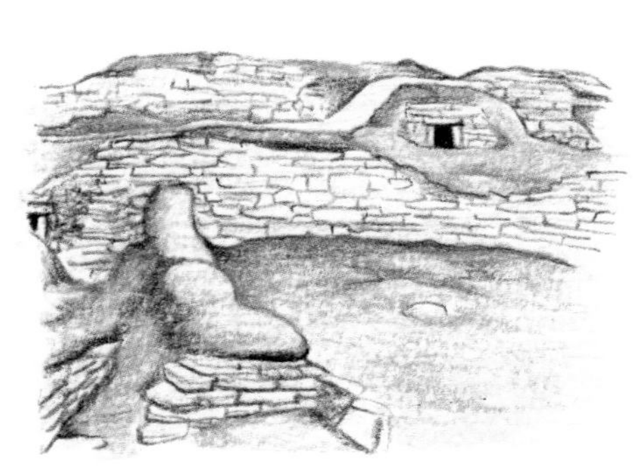

早期聚落

早期的聚落会建在靠近自然资源的地方，例如林地边、淡水或大海边。但后来景观发生了变化，今天几乎没有机会看到这种聚落的遗存，但在奥克尼群岛的斯卡拉布雷仍存有一个聚落遗址。

西欧的中世纪城镇

随着人口的增长，以及逐渐进步的耕作方法能够养活更多的人口，城镇逐渐壮大，并开始建围墙来防卫。

工业化

随着机械化的到来以及能源和食品供应的增加，人们聚集在城镇生活和工作。以港口、铁路和公路形式存在的交通基础设施塑造了工业化的景观。

自然灾难

所有城镇和城市都会随着时间的推移而发生变化，但也可能由自然灾害而引起突然变化，例如火山爆发、地震或洪水，这些可能会大大改变现有景观。

田地

这是英国什罗普郡混合农田里的树篱和田地。尽管作为边界标志的第一个树篱早在公元前1000年左右就已出现，但从13世纪起，英格兰和威尔士才开始划分大量更大面积的田地。尤其是在1720年至1840年之间，由于《圈地法》的颁布，当时土地所有者接管并圈起了公共土地。后来，集约化农业开始清除树篱。

也许对自然景观造成最大的改变是农业。我们的祖先发现可以种植特定的作物来为更多的人提供食物。有组织的农业发展导致了大面积森林被砍伐，以木材为资源的树木种植，土壤的改良，土地的清理和沼泽地排干等活动，这些都服务于农业生产。

田间系统

乡村景观中矩形田地的起源非常古老，特别是在欧洲，可以追溯到青铜时代。用于作物耕种的矩形田地通常是由早期的犁沟技术开垦出来的。许多牲畜耕种的田地边界都被保留至今。

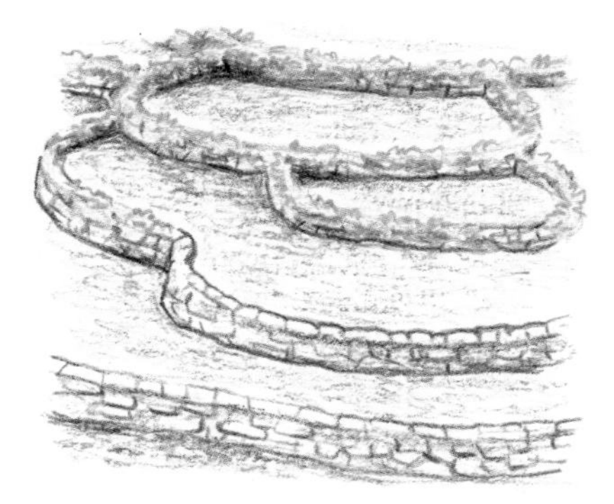

梯田

纵观历史，世界各地丘陵地区的农民会通过建造梯田来种植农作物，从而最大限度地扩大了可耕种田地的面积。梯田可以收集原本会流下山的水分，用以改善对作物的灌溉。

灌溉与排水

许多农场依靠定期供水来确保作物生长。干旱地区可能需要挖掘灌溉渠道。相反，水渠也用于从潮湿和沼泽地区排走多余的水。

林业

早期人类为了获取木材、清理出用于狩猎和耕作的区域而大量砍伐树木。这种古老的清理工作产生了一些沼泽或开阔的荒地景观。后来人们大规模种植和采伐树木，用于获取木材。

棕榈图案（右页照片）

这是位于阿拉伯联合酋长国迪拜的朱美拉棕榈岛度假村。这个度假村由一系列岛屿组成，这些岛屿是使用最新的建筑技术，在填海而得的土地上建造的。

随着人口的增长，对住房或资源的需求也相应增加。这可能会导致人们围垦土地以支持进一步的建设。意大利的威尼斯市可能是人类在浸水土地上建造、围垦以供人们居住的最著名的例子，而新石器时代早期的聚落已经在沼泽中使用由树干支撑的平台。后来，土地被排干并被填实，为大型建设项目提供适用的场地。

建设用地

20 世纪 90 年代后期，中国香港需要扩建其国际机场。解决方案是将附近的两个小岛屿夷为平地并从海上围垦土地来建造一个人工岛。与许多此类项目一样，先在海床上建堤围，在其中的空间内填满填料，由此为机场的地基提供了一个新平台。

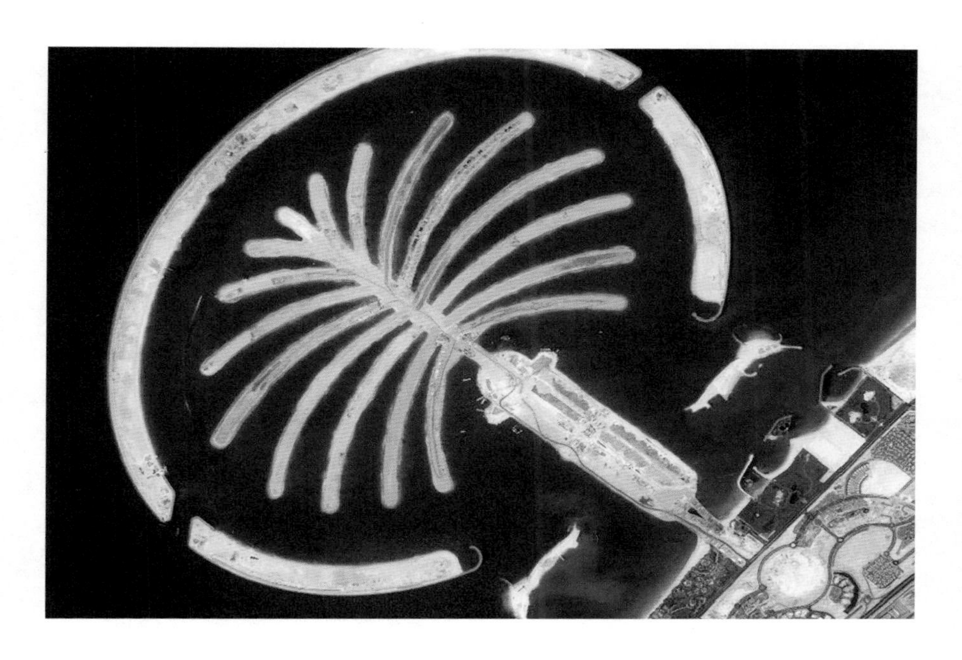

农业和工业排水

数百年来，人们经常从沼泽地围垦土地用于农业。荷兰的大部分地区都通过运河来排水，运河边建有长长的堤坝。同样的工程，包括风车驱动的水泵，被引进到英国东安格利亚（上图），用于排干沼泽、农业浇灌。

随着人类对能源的获取手段从简单的木柴燃料到工业化的化石燃料，采矿的重要性也在增加。早期的矿山往往采用露天矿或采石场的形式，因为最容易开采的矿藏是最先被开采的。今天，对消费品的巨大需求导致需要从地下寻找越来越多的自然资源进行加工。人类露天和地下的采矿活动在自然景观上留下了持久的痕迹。

开放的资源

这是位于英国北威尔士的斯诺登尼亚的板岩采石场。此处的露天开采今天仍在继续。通过逐渐挖去上覆岩石，能够暴露目标矿层。如今，废弃的采石场通常被开发用于休闲用途，例如旅游景点（矿坑有时会被淹没形成湖泊）和购物中心。

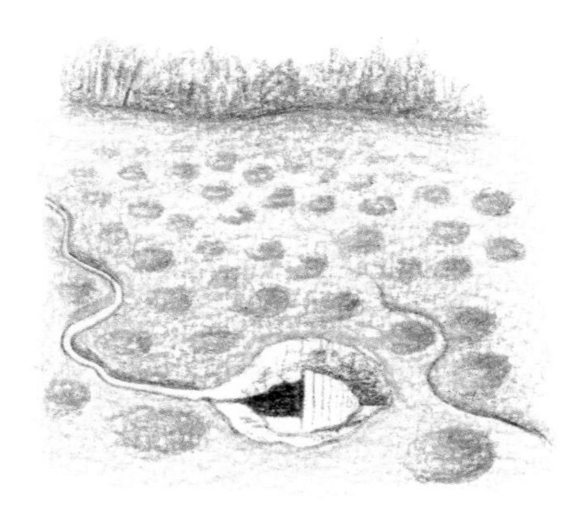

燧石矿

燧石在新石器时代成为抢手的切割工具。英国诺福克郡的格兰姆斯燧石矿井的矿坑和隧道是早期矿山的一个例子。

金属矿

随着青铜和铁的使用，人们开始挖掘矿坑来开采矿物，包括铜、锡、铅和铁。

废弃的矿坑

废弃的矿坑经常充满水。英格兰的诺福克湖是中世纪泥炭矿的遗存，那里充满了水和植被。

其他的采矿遗存

任何挖掘出的物质，包括来自地下矿山的物质，都会被带到地表，因此在矿山附近可以发现成堆的废弃材料或弃土。

海岸堤防

“硬质工程”技术已被用于英国诺福克郡亨斯坦顿的这些海岸堤防。海堤、混凝土台阶和岩石保护着后面的沙丘，人们用木制丁坝来减少海浪的力量并阻止海滩上的物质被冲走。

我们在前文已经看到，随着时间的推移，侵蚀作用是如何攻击、改变和重塑海岸和海岸线的。在人们居住的地方、工业繁荣的地方或者野生动物保护区，可以应用若干种形式的人工构筑物来保护海岸线。最终，面对海平面上升、风暴和海床侵蚀，这种人工构筑物也无可避免地受到侵蚀，只能进入逐步的废弃程序。如今，人们越来越多地采用“软”堤防形式，例如重新引入沿海沼泽地和芦苇丛以减缓海洋的侵蚀力。

海堤

人们通常在海滩后面竖起构筑物以保护海岸内的陆地部分。这些海堤往往由钢筋混凝土制成，或由装有石块的铁丝网（称为石笼网）制成。

消波块

海堤底部常用的另一种形式的防波构筑物是大型锯齿状巨石。这种巨石被称为消波块，能够消散并减少波浪撞击产生的力量。

丁坝

海滩能够减少海浪的力量，从而保护海岸。我们在前文看到了海滩上的物质是如何被沿岸流带走的。保护海滩上的沙子或砾石的一种方法是建造丁坝。

防波堤

另一种减少到达海岸的波浪力量的方法是建造人工防波堤。虽然这种防波堤保护了海岸的一个区域，但它们可能会影响其他地方海岸的洋流变化。

人类已经改变了许多景观特征来控制水流以达到各种目的，例如筑坝以管理淡水供应、生产能源或防止洪水泛滥。人类有时会大规模地挖掘运河或使河流改道，以提供更有效的运输路线。人类甚至对地面进行了改造，形成了人工池塘、湖泊、河流和瀑布，以增强景观特征。在许多情况下，特别是在一段时间之后，这些人造风景特征可能很难与自然地貌区分开来。

胡佛大坝

位于美国亚利桑那州和内华达州边界的胡佛大坝高 221 米，于 1936 年完工，大坝后面形成了米德湖水库。它旨在控制科罗拉多河的洪水并利用水力发电。

水库和人工湖

人类经常会在河流上筑坝，之后河水淹没山谷，形成水库，从而为附近的城镇提供淡水供应。通过筑坝并缓慢释放水流，水也可以用来发电。

磨坊和溪流

在 17 世纪的欧洲，水力磨坊开始取代手工推磨，成为一种制作面粉的方法。这种利用水力的方式后来也用于为炼铁炉提供动力。

运河

运河建在原有河流的旁边，以便为船只航行提供更宽更深的渠道。现在运河已被公路、铁路和航空运输淘汰，当然，巴拿马和苏伊士等大型运河除外。

人造景观

从优雅的英国乔治王朝时期的古宅（如英国威尔特郡的斯托海德）到现代高尔夫球场和建筑群，人们塑造了景观，有时甚至是规模宏大的景观，以改善生活和工作环境。

PART THREE 第三部分　测量风景

使用地图，任何人都可以以图形的方式阅读风景。因此，地图是一个非常有用的工具，可以帮助您找路，预告接下来可能会发现的景物，并帮助您了解这些景物可能是如何形成的。地图的种类有很

多，但对理解风景最有用的是地形图（所有经常使用地图进行步行或远足的人都很熟悉）以及描述一个地区岩层的地质图。本节简要介绍地图的历史，并介绍如何使用地图来探索和发现风景的演变历史。

阅读大地

地图可以讲述风景的故事，也可以帮助您找路。

随着人类开始探索世界并绘制地球上的资源分布，因此有必要记录他们的发现以造福后人。随着导航设备的日益进步，人们可以更准确地测量和记录距离。这同样使人们更准确地了解地下的岩石。由于工业革命需要寻找更多的自然资源，地质科学得到发展，地图开始显示风景中的岩石类型及其地形。如今，航空、雷达和卫星成像技术，加上GPS（全球定位系统），有助于更精确地绘制地球的岩石结构。

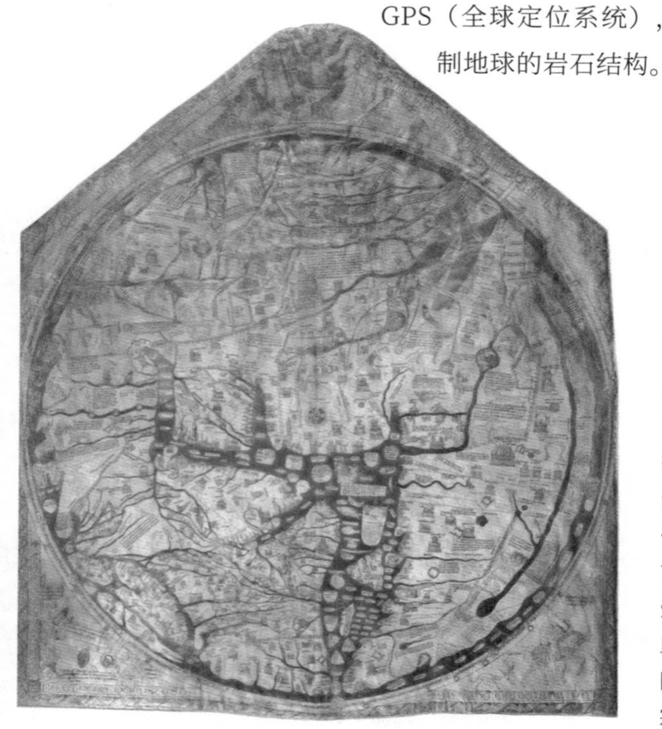

宗教地图

与任何其他形式的文学作品一样，地图也能传达思想。到亚里士多德时代（公元前 350 年左右），地球作为一个球体的概念已被古希腊哲学家们广泛接受。在中世纪的某些地图里，耶路撒冷被放置在地图的中心，由此表明当时宗教观点占据主导地位。

早期地图

地图已经使用了数千年。已知最早的地图出现在公元前 2300 年左右（上图），由巴比伦人雕刻在石板上。

托勒密的地图

到罗马时代，制图术已经发展出了托勒密的世界地图（公元 150 年，1482 年复制），图中包括非洲、欧洲和亚洲。

墨卡托投影

从 14 世纪开始大量印刷地图，墨卡托发明了圆柱投影法（1569 年，上图），至今仍被广泛使用。

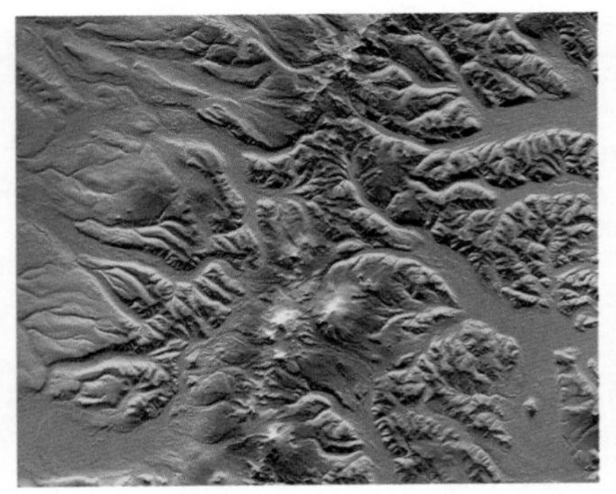

现代地图

现代地图是使用一系列复杂技术生成的，以此提高地图准确性，例如这张从太空拍摄的火山山脉雷达影像。

TYPES OF MAP

地图的类型·引言

如今，人们出版了许多类型的地图，包括标出国家和省或州边界的行政地图，以及记录地形细节（例如地形的轮廓和形状以及水深）的地理地图。航空和卫星摄影也有助于生成新形式的地图，这些地图可以准确地表示地形特征和下面的岩石。

测绘

地图可为不同的目的而绘制。像这样的地形图是按比例精心绘制的，用户可以在地图上通过测量以获取准确的导航数据。地图上的符号、线条、颜色也为徒步旅行者提供有用的信息。

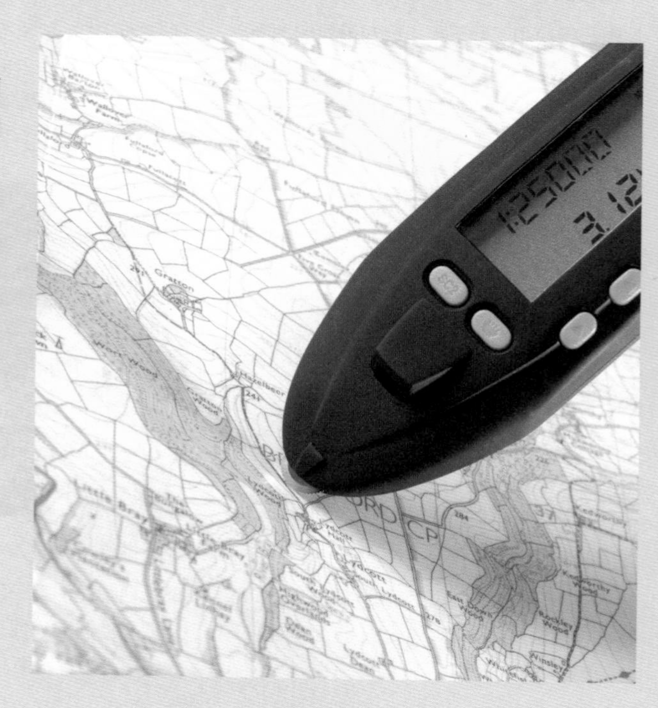

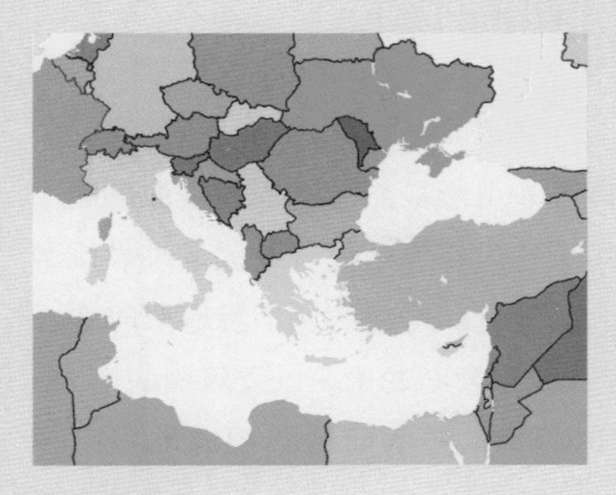

行政区划图

行政区划图勾勒出城市、省、县和国家的边界，通常使用颜色来区分它们。长久以来，行政区划图可能是最重要的地图类型之一。

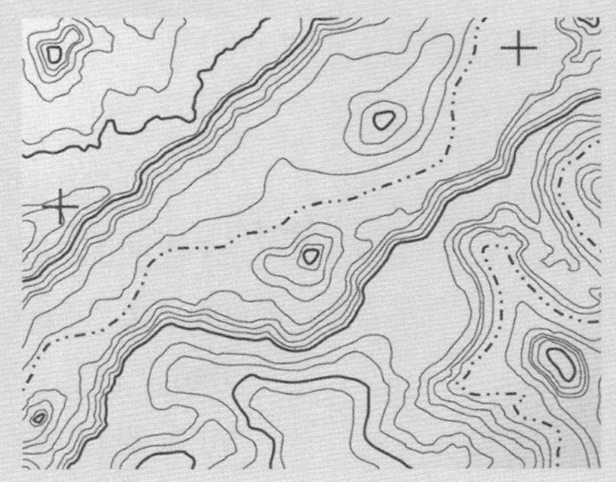

地形图

地形图显示了一个地区的地形，对于徒步旅行者来说，大比例尺地形图特别有用。图上经常标出人行道和地标，并使用网格系统来辅助测量距离。

地质图

地质图提供了底层岩石结构的详细资料。地质图例通常用线条、符号和色块标记。

航拍图

如今，地形图和地质图都由摄影技术加以补充和生成。图像是从飞机或卫星上拍摄的，有时使用特殊的成像技术，然后拼接在一起。

我们中的许多人可能最熟悉的地图是地形图。这些地图主要用于在大自然中步行或远足时寻找路线，通常包含大量信息，可帮助您了解地形的地质历史。例如，等高线和岩石轮廓，以及河流的形成，可以探寻景物的起源，并为研究景观的地质起因提供帮助。

自上而下

这张地形图提供了有关地貌形态的一些信息。等高线之间的距离越近，坡度越陡。线条之间的大的空白表示更平坦的地区。通过练习，可以通过等高线看出山坡是否是凸面的（底部比顶部陡峭）。凸面山坡，连同宽阔平坦的山谷和蜿蜒的溪流，这可能表明山谷是由冰川切割而成的。

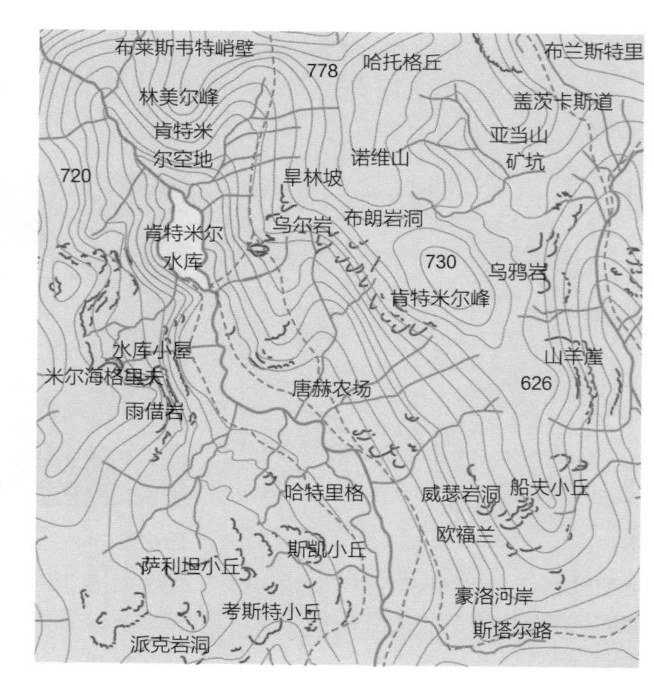

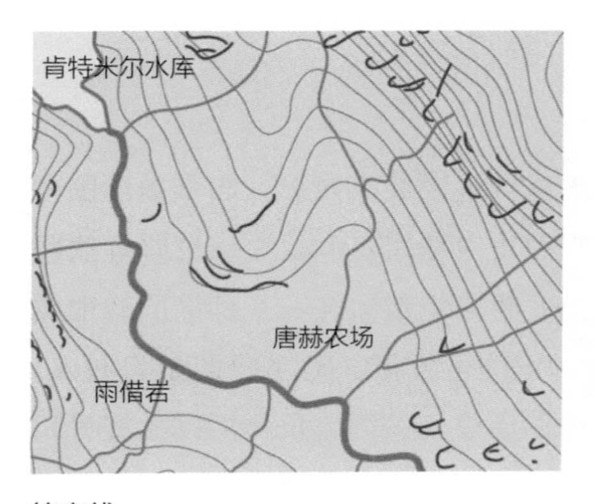

等高线

等高线用棕色线描绘，粗线上标注高度。在这里，它们表示宽阔的谷底和蜿蜒的溪流，两侧是冰川切割而成的陡峭山谷。

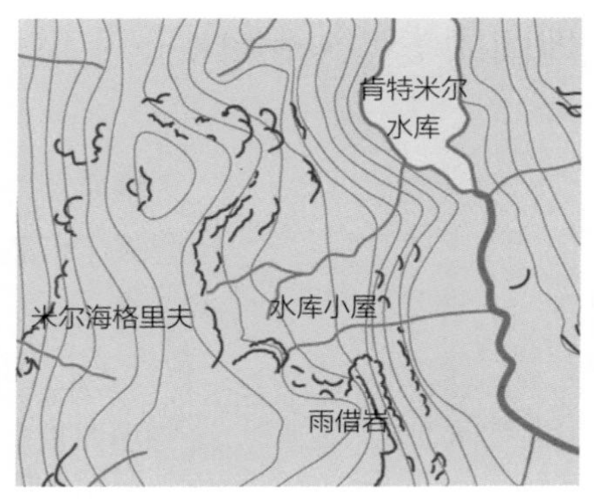

岩石特征

地图上还绘制了粗黑线，表示裸露的岩石露头。岩石特征越突出，就越有可能是坚硬的抗侵蚀岩石，可能是火成岩。

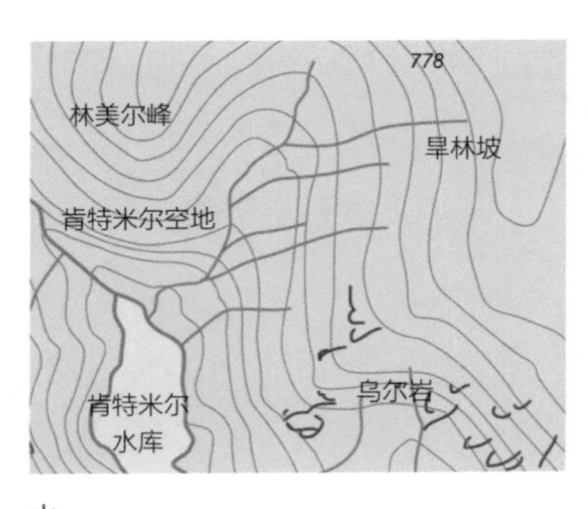

水

地图上的河流也可以提供景观历史的线索。此处山谷侧面轮廓中的尖锐凹痕表明河流已侵蚀到谷底的V形凹口。

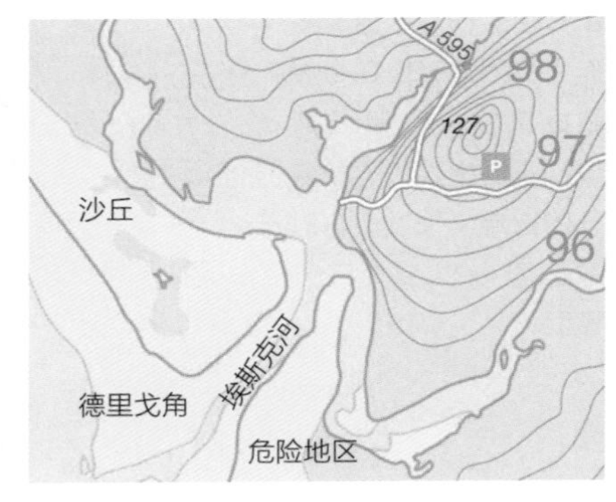

沉积特征

此处的山谷扩大成一个通向大海的河口，泥沙在这里沉积，沙子（浅棕色或黄色）被沿岸水流沉积在河口。

地质图对于外行来说并不熟悉，而地质学家使用它来了解景观的历史及岩石的成分。这些地图包含大量信息。地质图通常覆盖在一个地区的地形图上，描述岩层和地层的位置和年代。由于互联网技术，这些地图现在可以通过相关国家机构的网站轻松访问（例如，位于英国地质调查局网站或美国地质调查局网站）。

电子地图

像右图这样的地图现在作为数据集存储在中央数据库中，允许用户通过互联网构建和下载自己的自定义地图，有时数据可以表示为三维模型。

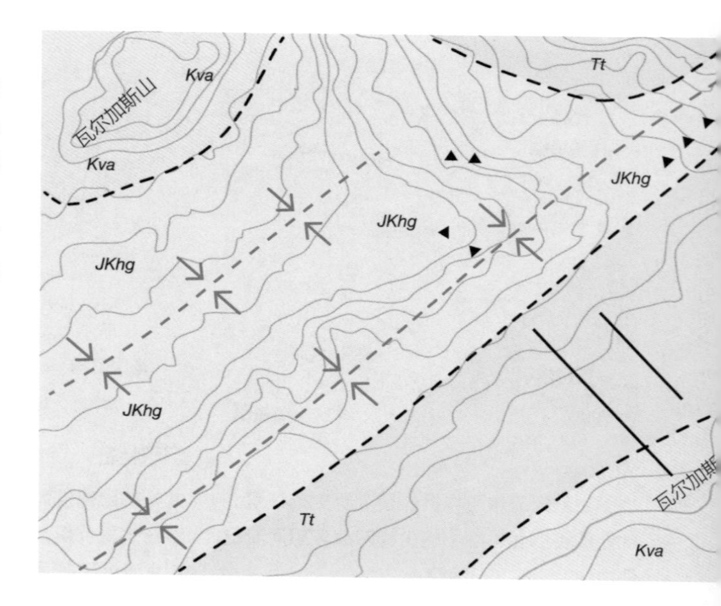

向下发掘

地质图以多种图示方式表示岩层。地图的背景层叠有浅浅的该地区地形图。这有助于用户在户外定位。在地图的上面放置了代表岩石层的每种类型或年代（也称为地质单元）及其位置的图例。用缩写表示岩层的年代和名称。线条、符号和数字代表断层和褶皱。通过分析地图，地质学家能够知晓这些地层处于这个位置的原因。

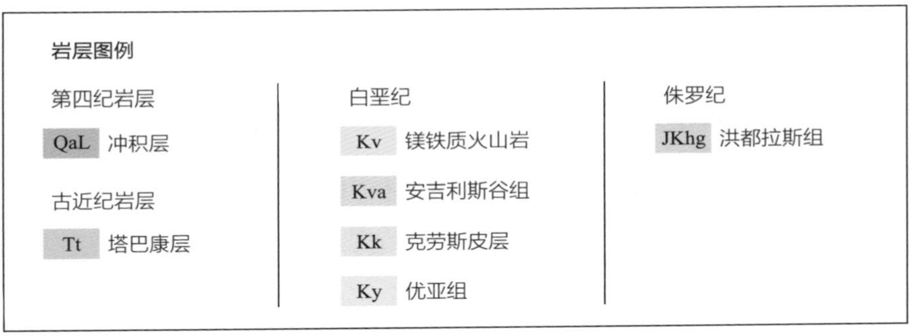

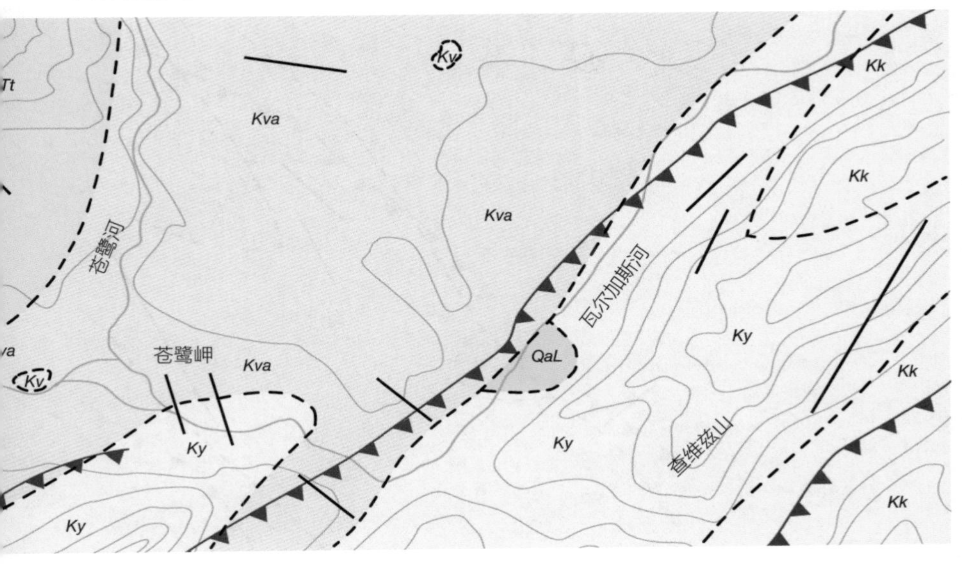

TYPES OF MAP

地图的类型 • 识读地质图

表达岩石的线条

除了粗细之外，地质图上的线条也可以是实线、虚线或点虚线。这些线型表示地质学家对于岩石地质单元之间的边界的确定性程度。例如，实线表示根据实地考察的边界线。然而，土壤、植被或建筑可能会遮挡视线，因此在这些情况下，虚线表示推测地质界线，点虚线表示更不确定的界线。

乍一看，地质图中的细节似乎有点令人眼花缭乱。然而，一旦分解成若干个部分，地图就会开始以图形方式讲述风景的故事。每块颜色代表一个地质单元或一块特定类型（年代）的岩石。岩石之间的线条描述了两个地质单元如何结合在一起（通过断层或沉积），而其他符号和注释则提供了更详细的信息。但是请注意，不同的国家（地区）会使用不同的标准或地图符号形式。

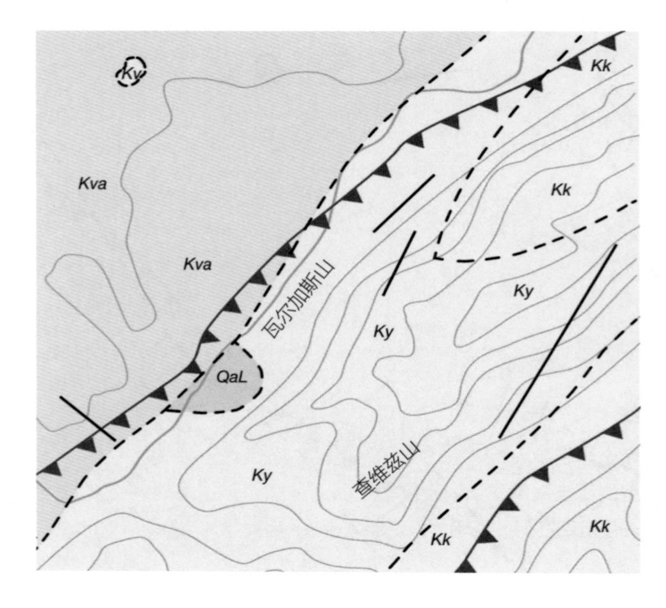

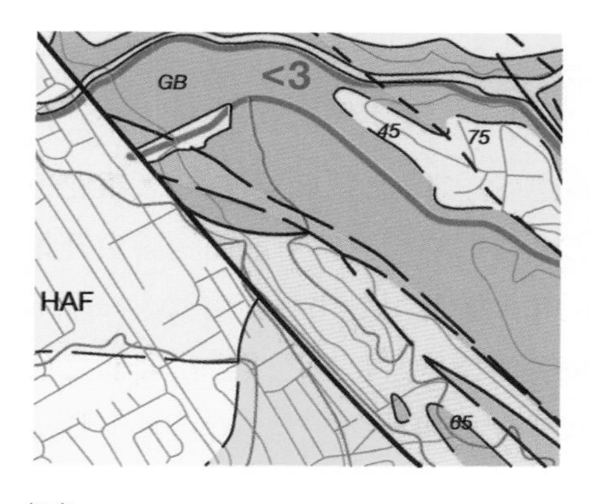

颜色

一种颜色表示一种岩石的类型和年代。例如，火成岩可能用红色表示，而不同年代的砂岩可能用深浅不一的棕色表示。这些颜色可能因地图的来源而异。

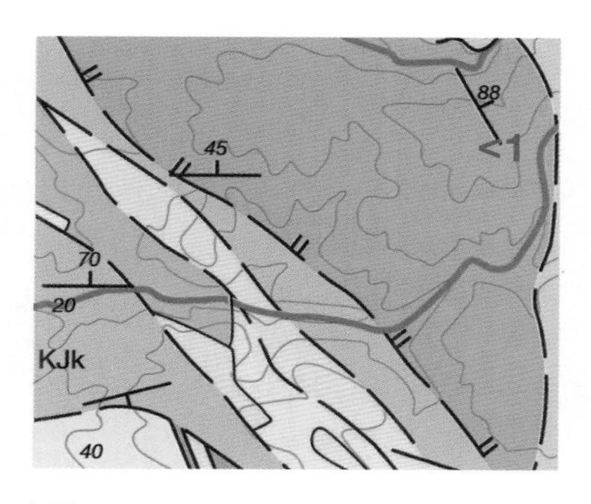

字母

每种岩石类型都根据其年代进行标记。大写字母代表岩石的年代。例如，以字母 K 开头的岩石来自白垩纪。小写字母代表岩石的名称。

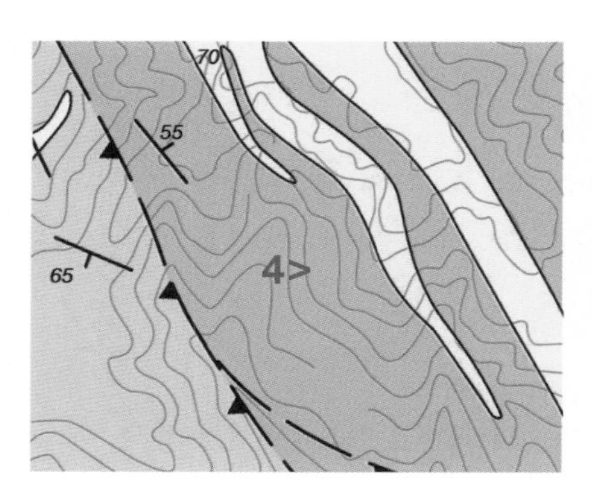

线

两个岩石单元相遇的地方称为接触，不同类型的线定义不同类型的接触关系。细线表示一层沉积在另一层上，而带齿的线表示断层。

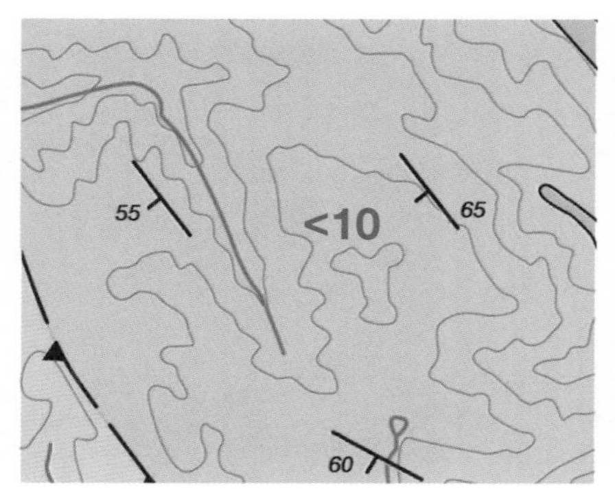

褶皱、断层和倾角

褶皱是由整体的地层分布情况表示的。其他符号（例如三角形）表示断层的类型和方向。短线和数字表示岩层倾斜的角度和方向（倾向和倾角）。

地图标记

您首先需要使用地图熟悉该地区，并计划您的路线。出发前，必须掌握如何使用地图、指南针和 GPS。

现在您已经查看了地图并确定了您想要进一步去探索的地方。我们将给出使用地图、指南针和 GPS 设备导航的基本指南。使用地图虽然相当简单，却是一项必不可少的技能，也是徒步者出发前要学习的一项重要技能。尤其是当您在地形崎岖的景观中步行时，或旅行时间、天气对人身安全有很大影响时（例如在山区），请确保您的衣服、用品和设备适合当地地形和天气。

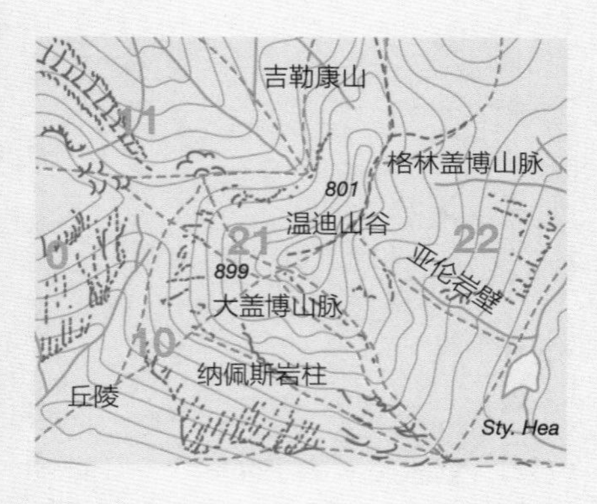

等高线

了解等高线的工作原理，这对于将您在景观中看到的内容与地图进行匹配，以及安全地找到道路至关重要。基本上，等高线间距越小，坡度就越陡。

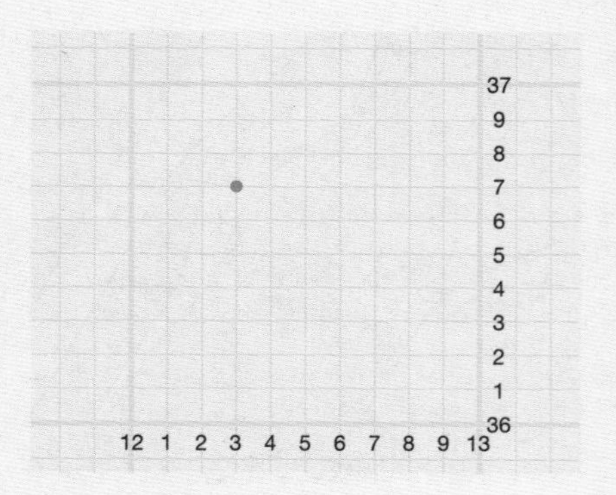

格网系统

使用格网系统也是一项必不可少的地图阅读技能。要找到目的地的位置，请在它的左侧和底部绘制一个假想的 L 形线条，然后沿底部和右侧读取坐标。

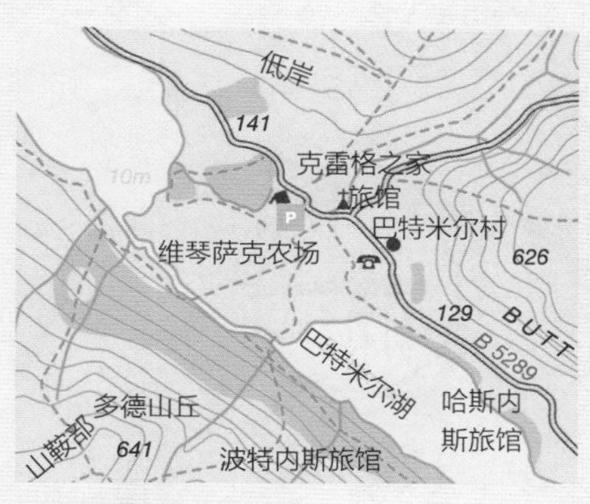

徒步路线和边界

在出发前熟悉沿途所有的公用徒步路线和边界，并确保严格按照路线行进。

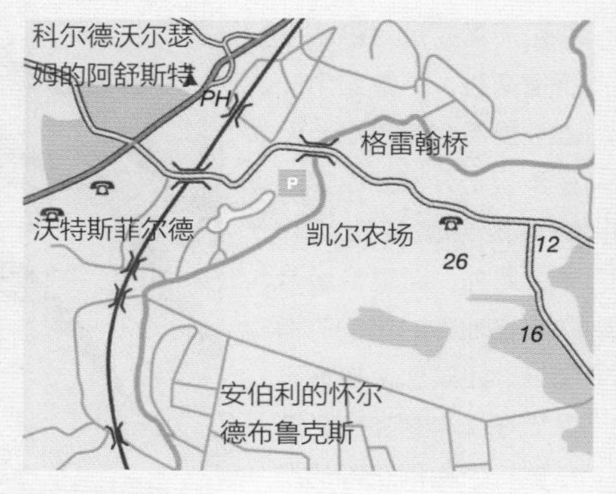

使用地标

准备工作非常重要，因此请确认地图上的所有地标，例如教堂、桥梁和三角参照点。当您经过它们时，在地图上做个记号。

指南针虽然对于短途步行不是必需的，但却是一种非常有用的工具，可以立即让您确定您正在行进的方向。然而，在黑暗或更极端的天气条件下，例如大雨、大雾或薄雾，当能见度非常低并且您看不到远处的地标时，指南针就成为寻找道路的重要工具。因此，随身携带地图的同时带着指南针是个好主意。

正确的方向

真北和磁北与指南针显示的北并不完全相同。您可能需要针对磁差校正指南针。尽管这个误差可能看起来很小，但在步行 1 公里后，您最终可能会偏离路线 70 米。此外，请携带适合您所在地区的正确的指南针。如果您来自北半球而在南半球旅行，请在旅行中使用正确的指南针。

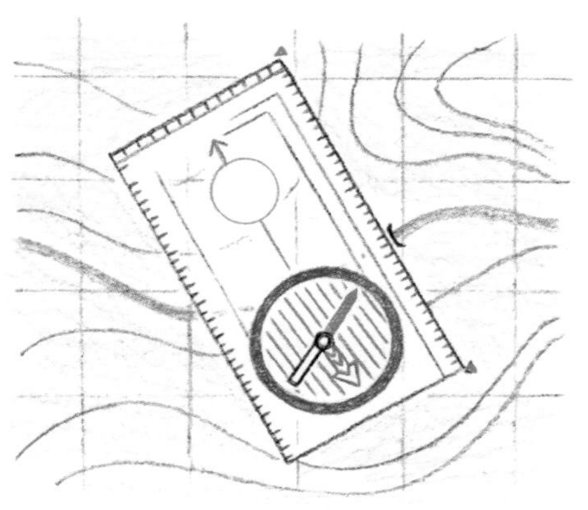

地图定位

把地图放平，并在地图上找到您的当前位置和预期目的地。在地图上画一条直线，将您的位置与目的地点连接起来。

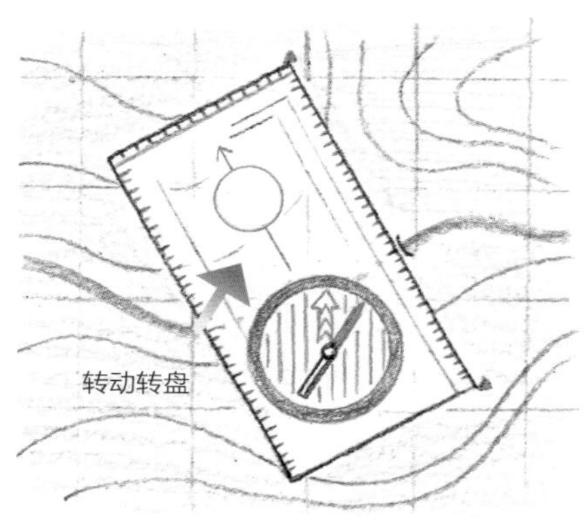

找到北

将尺子底座的长边与这条线对齐。旋转转盘，使红色定位箭头指向地图顶部的北方。转盘的子午线应与地图的垂直网格线对齐。

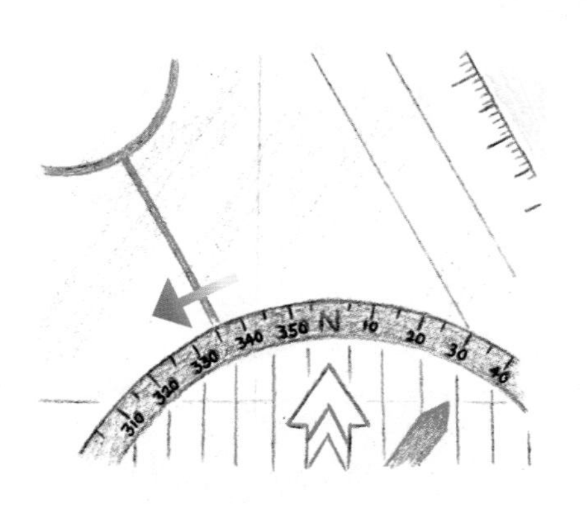

测方位角

从转盘外壳上的分度线上读取方位角。设置磁差（MV），这通常写在地图的图例上。

沿方位角前进

接下来，将指南针靠近自己的身体，转动身体，使指南针的红色指针与外壳上的N 对齐。沿着前进方向寻找地标，然后朝它走去。

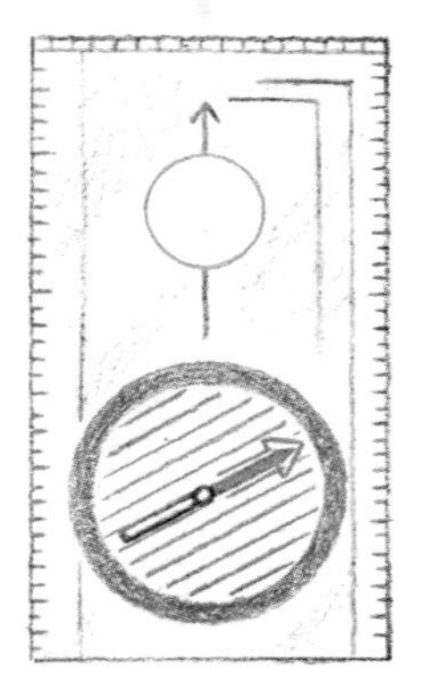

获取位置

除了确认您的当前位置外，许多手持 GPS 装置还可以提供用户输入的其他地点的方向、行驶的路线和距离以及时间和速度读数。这些信息可用于计算可能的路线。但是请记住，GPS 装置需要定期重新校准以保持准确，而且它们的电池也有耗尽的时候，因此请务必随身携带地图和指南针。

现在人们熟悉和常用的 GPS（全球定位系统），基于最初作为美国防御系统一部分而开发的轨道卫星网络。手持式地面接收器通过来自其中几颗卫星的信号，以计算出准确的地面定位。有许多类型的导航设备可供使用，现在甚至“智能”移动电话也包含此功能。

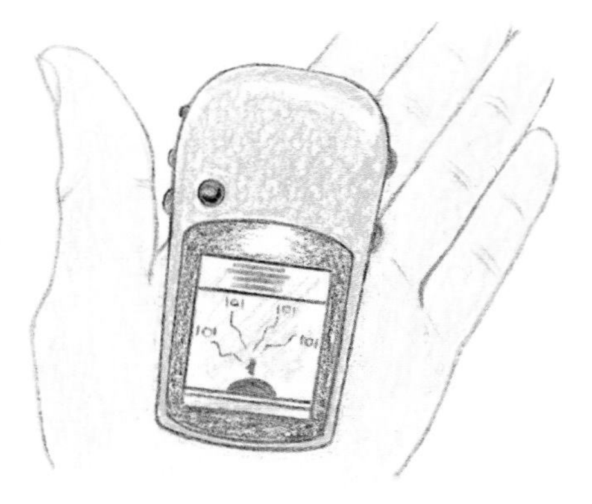

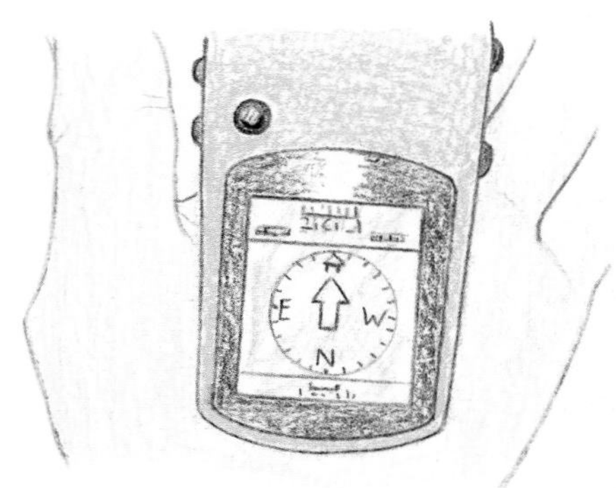

获取信号

在出发之前，打开 GPS 装置并确保它已从卫星获取其自身位置。行走时，将设备放置在可以持续接收信号的位置（例如放在肩带袋中）。

使用航点

GPS 会绘制一条您不能完全遵循的直接路线，因此使用航点是个好主意。航点是一个由坐标绘制的记录点。您可以从地图中输入多个航点以绘制您的路线。

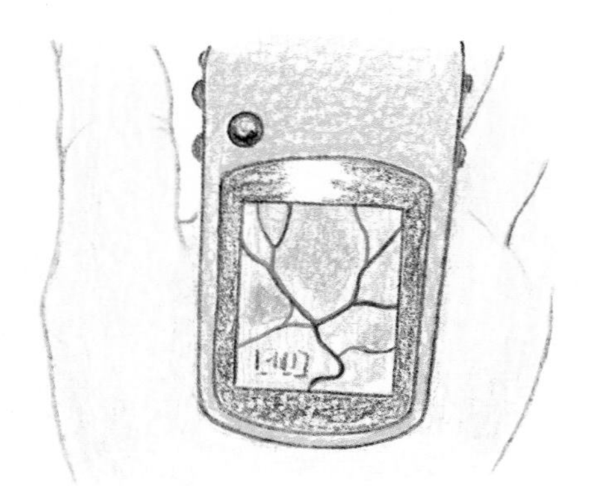

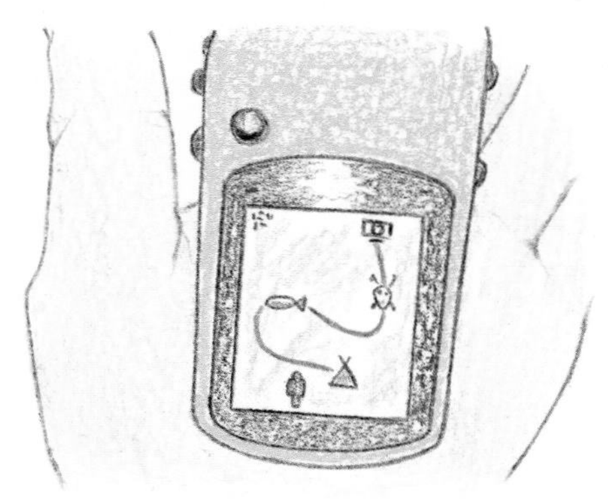

GPS 地图

有些 GPS 装置会在屏幕地图上叠加您当前的位置、航点和过去的位置，以帮助您找到路线，但您也可以使用该装置在纸质地图上核对您的坐标。

回家

GPS 装置还可以引导您循原路返回。请记住在出发前熟悉该装置并始终携带备用电池。

ACKNOWLEDGEMENTS 致谢

我要对 David Robinson 在本书的写作过程中提供的建议和指导表示深深的感谢。我还要感谢 Jason Hook、Lorraine Turner、Michael Whitehead 和 Ivy 团队的辛勤工作和支持。最后，我要感谢我的妻子 Sue 无私的爱，感谢我的父亲与我分享他对风景和地质的热情。